地基基础鉴定与加固技术研究

王术江　王相民　薛瑞强　著

延吉·延边大学出版社

图书在版编目（CIP）数据

地基基础鉴定与加固技术研究 / 王术江，王相民，薛瑞强著． -- 延吉：延边大学出版社，2024. 9.

ISBN 978-7- 230-07071-3

Ⅰ．TU47

中国国家版本馆CIP数据核字第2024AJ5970号

地基基础鉴定与加固技术研究

DIJI JICHU JIANDING YU JIAGU JISHU YANJIU

著　　者：王术江　王相民　薛瑞强

责任编辑：李　磊

封面设计：文合文化

出版发行：延边大学出版社

社　　址：吉林省延吉市公园路977号　　　邮　　编：133002

网　　址：http://www.ydcbs.com　　　E-mail：ydcbs@ydcbs.com

电　　话：0433-2732435　　　传　　真：0433-2732434

印　　刷：三河市嵩川印刷有限公司

开　　本：710mm×1000mm　1/16

印　　张：12.5

字　　数：200 千字

版　　次：2024 年 9 月 第 1 版

印　　次：2025 年 1 月 第 1 次印刷

书　　号：ISBN 978-7- 230-07071-3

定价：70.00元

前　　言

　　地基作为支撑建筑物的重要部分，其稳定与安全直接关系到整个建筑的使用寿命和安全性。随着城市化进程的加快和建筑技术的不断发展，对地基基础的要求也日益提高。然而，由于地质条件复杂多变、设计施工不当、使用年限增长等多种因素的影响，地基基础问题难以避免，这给建筑物安全带来了严重威胁。因此，地基基础鉴定与加固成为当前建筑领域的重要研究课题。近年来，随着科技的不断进步，地基基础鉴定与加固技术也取得了长足的发展。从传统的静力触探、钻探取样等方法，到现代的无损检测、远程监测等高新技术，地基基础鉴定技术日趋成熟和完善，单一的加固技术发展为多种加固技术相结合的复合加固体系，为地基基础的安全加固提供了更多的选择。

　　本书系统梳理了地基基础鉴定与加固技术的研究进展，分析了当前技术的优缺点及其应用。首先，本书对地基基础鉴定技术进行了概述，为后续章节的展开奠定了基础。接着，本书从既有建筑地基勘察与地基基础分析、地基基础检测与监测、地基基础性能评估、地基基础加固技术等方面入手，详细介绍了地基基础鉴定与加固技术。在此基础上，对地基基础加固处理的检验与监测进行了分析，并探讨了信息化与智能化技术在地基基础鉴定与加固中的应用。

　　总之，本书的研究旨在推动地基基础鉴定与加固技术的创新与发展，增强建筑物的安全性和耐久性。通过本书，笔者希望能够为相关领域的研究人员和工程技术人员提供一定的参考和借鉴。由于笔者水平有限，加上时间仓促，书中的疏漏在所难免，恳请各位读者提出宝贵的建议，以便今后修改完善。

笔者

2024 年 7 月

目　　录

第一章　地基基础鉴定概述

第一节　地基基础的定义及常见类型

一、地基基础的概念

地基基础是建筑物承重结构的一部分，它将建筑物的重量均匀地传递到地基，承受由上部结构传来的各种载荷，并确保建筑物的稳定性和安全性。地基基础的设计和施工质量直接关系到建筑物的使用寿命和安全性。在地质条件复杂、载荷较大或地下水位较高的地区，地基基础的设计和施工更为重要。

二、地基基础的常见类型

（一）刚性基础

刚性基础是一种常见的基础类型，主要由砖、石、混凝土等材料构成，这些材料通常具有较高的抗压强度。因此，刚性基础在承受垂直载荷方面具有优异的性能。然而，相对于抗压性能，刚性基础在抗拉和抗剪方面的性能较弱。刚性基础的设计和施工相对简单，成本较低，因此在建筑项目中得到了广泛应用。这种类型的基础通常适用于地基承载力较好的地区，因为在这样的地区，刚性基础可以有效地将建筑物的载荷传递到地基，保证建筑物的稳定性和安全性。然而，在地下水位较高或者地基承载力较差的地区，刚性基础的适用性就会受到限制。这是因为高地下水位可能导致基础材料受侵蚀和软化，从而降低基础的承载能力。而在地基承载力较差的情况下，刚性基础可能无法有效地分散和传递载荷，可能导致建筑物的下沉或变形。

刚性基础是一种适用于特定条件的基础类型，其优缺点都较为明显。在实际应用中，需要根据具体的地质条件、建筑物的载荷特性和经济成本等因素，综合考虑是否采用刚性基础。

（二）柔性基础

柔性基础是一种由钢筋和混凝土组合而成的基础形式，其受力性能主要依赖钢筋和混凝土的相互作用与协同工作效果。相较于传统的刚性基础，柔性基础具有更好的抗拉和抗剪性能，能够有效适应地基的不均匀沉降。柔性基础的这种特性使其特别适用于地基承载力较差或者地下水位较高的区域。在这些地方，地基的变形和沉降往往比较严重，柔性基础可以有效地减小这种不均匀沉降对建筑物造成的影响。然而，柔性基础并不适用于地基承载力较好的地区，因为在这些地区柔性基础的优越性能无法得到充分的发挥，反而可能因过度设计而导致不必要的经济浪费。

柔性基础的设计和施工相对复杂，需要充分考虑钢筋的配置、混凝土的强度以及基础的尺寸等因素。但是，由于具有良好的适应性和较高的承载能力，柔性基础在现代建筑中得到了广泛的应用。

（三）扩展基础

扩展基础是一种常见的基础类型，其原理是在原有基础上通过增加基础底面积的方式来提高基础的承载能力。这种类型的基础施工相对简单，成本较低，因此在实际工程中应用得较为广泛。扩展基础的主要特点是可以通过增加底面积来适应不同承载力的地基。当地基承载力较好时，扩展基础能够有效地分担上部结构的载荷，保证结构的稳定性和安全性。然而，当面临地基承载力较差或地下水位较高的条件时，扩展基础的性能可能会受到影响，其适用性会受到一定的限制。扩展基础的施工通常采用现场浇筑的方式，且可以根据设计要求调整基础的尺寸和形状。此外，扩展基础施工简单，可以在较短的时间内完成，有利于缩短整个工程的建设周期。

扩展基础是一种经济、实用、简单的基础类型，适用于多种地基条件。但需要注意的是，在选择扩展基础时，应充分考虑地基的实际情况，确保其能够满足结构的承载要求和稳定性需求。

（四）深基础

深基础是一种将基础埋设于地基深处的建筑基础类型，其典型代表包括桩基和井基等。此类基础设计和施工的主要目的是确保建筑物重量能够有效传递至地基深处，从而在较大程度上减少由地基不均匀沉降引起的潜在问题。深基础能够将建筑物的重量通过桩或者井传递到深层土壤中或岩石上，从而获得更高的承载能力。由于深基础将载荷分散至较大面积，且深达较坚实土层或岩石层，因此能够显著减少由地基不均匀沉降造成的建筑物沉降。在地基承载力较差，或者存在不均匀地质条件，如软弱土层、地下水位较高或变化较大的区域，深基础可以展现出其独特的优势。深基础的施工技术相对复杂，需要专业的设备和工艺，如钻孔、打桩、灌浆等。虽然深基础在初期投资上相对较高，但由于其具有良好的耐久性，从长期来看可以节省大量的维修和加固费用。深基础施工对周围环境的影响较小，尤其是在城市密集区域，可以有效避免对地表建筑和设施的破坏。

深基础的设计和施工需要综合考虑地质条件、建筑物负荷、经济性和施工技术等多种因素，以确保其安全、可靠、经济。在实际工程中，通过地质勘查、结构设计和施工管理等多个环节的精心计划和执行，深基础可以充分发挥其优势，为建筑物提供坚实的基础保障。

（五）浅基础

浅基础是一种将基础埋设在地基表层的基础类型，其常见的形式包括扩展基础和柔性基础等。这类基础的设计和施工相对简单，成本较低，因此在实际工程中应用广泛。浅基础的施工对技术和设备的要求相对较低，因此施工流程相对简单。相比于深基础，浅基础的材料和人力成本较低，在经济上具有一定的优势。由于浅基础埋深较浅，其抵抗地基不均匀沉降的能力相对较弱，因此容易出现由地基沉降导致的建筑物变形等问题。

浅基础适用于地基承载力较好、地下水位较低的地区。在地基承载力较差或地下水位较高的地区，浅基础可能无法满足工程需求。浅基础具有一定的优势，如施工简便、成本较低等，但受地基条件限制较大，适用范围相对有限。

第二节　地基基础相关的标准
与规范举例

一、国际地基基础相关标准

（一）国际地基基础相关标准的类别

国际上关于地基基础相关的标准，主要可以分为几个大类：ISO（国际标准化组织）标准、欧洲标准、美国标准、英国标准、日本标准等。这些标准为世界各国地基基础的设计、施工和检测提供了统一的依据和方法。

1.ISO 标准

ISO 标准在全球范围内应用广泛，其内容涉及建筑材料、施工工艺、质量控制等多个方面。相关的 ISO 标准为地基基础的鉴定提供了系统、科学的方法，涵盖地基的勘察、设计、施工和验收等各个环节，依据这些标准可以对各个环节进行严格的标准化管理。这些标准不仅对地基基础工程的质量控制起到了重要作用，也为国家间的工程交流和合作提供了统一的准则。

2.欧洲标准

欧洲标准是在欧洲各国广泛采用的一套标准。相关的欧洲标准为欧洲地区的地基基础设计、施工和验收提供了统一的技术要求和规范，保证了工程质量，提高了工程的安全性。

3.美国标准

美国材料与试验协会（American Society of Testing Materials, ASTM）制定的地基相关标准在美国乃至全球都有很大影响力。该标准涵盖了土壤力学、岩土工程和环境地质学等多个领域，为地基基础鉴定提供了重要的技术支持，保证了地基工程的安全性和可靠性。

4.英国标准

英国标准协会（British Standards Institution, BSI）制定的相关系列标准涉及建筑地基和基础的设计、施工和检验，提供了地基和基础设计的一般原则和规范、地基和基础施工的规范（包括施工过程中的质量控制和施工后检验）、地基和基础的检验方法（包括检验标准和程序）；强调地基和基础工程的安全性和可靠性，要求在设计和施工过程中严格遵守相关规范，确保建筑物的稳定性和安全性；还注重环境保护和可持续发展，要求在地基和基础工程中采取有效措施减少对环境的影响。相关英国标准为建筑地基和基础的设计、施工和检验提供了全面、细致的指导，为确保建筑物的稳定性和安全性发挥了重要作用。

5.日本标准

相关日本标准对土壤试验方法进行了详细规定，旨在提供准确、可靠的土壤数据，为地基基础的设计和施工提供科学依据。同时，这些标准还强调了试验设备的精确度和试验操作的规范性，以确保试验结果的可靠性。这些标准为地基基础鉴定提供了全面、细致的试验方法规定，对土壤的性质进行了系统的分类和测定，为土木工程的安全和稳定提供了重要保障。

（二）国际地基基础相关标准的特点和应用范围

国际地基基础相关标准具有高度的科学性。这些标准是在对地基基础的物理力学特性进行全面研究的基础上，通过大量实验和理论分析，总结出的科学规律。

国际地基基础相关标准具有系统性。这些标准从地基基础的设计、施工、检测、评价到维护，提供了一套完整的技术体系，包括一系列的技术规范、方法和要求，确保了地基基础工程的质量和安全。

国际地基基础相关标准具有很强的实用性。这些标准紧密结合地基基础工程的实际需求，提供了具体的技术指标、方法和步骤，易于操作和执行，可以帮助工程师解决实际工程中遇到的问题，提高地基基础工程的质量和施工效率。

国际地基基础相关标准具有广泛的通用性。这些标准适用于各种类型的地基基础工程，包括混凝土基础、砖石基础、木基础等。无论是在发达国家还是发展中国家，无论是在城市还是农村，这些标准都可以提供有效的技术指导，促进地基基础工程的国际交流和合作。

在应用范围上，这些标准不仅适用于新建项目，而且对既有建筑地基基础的检测、加固和维护具有指导意义。它们被广泛应用于住宅、商业、工业以及基础设施建设项目中，包括但不限于道路、桥梁、隧道、大坝等工程项目。这些标准有助于确保地基基础工程的安全、可靠。

二、国内地基基础相关规范

（一）《既有建筑地基可靠性鉴定标准》

1.概述

《既有建筑地基可靠性鉴定标准》（JGJ/T 404—2018）是由中华人民共和国住房和城乡建设部发布的行业标准，主要适用于既有建筑地基的可靠性鉴定。该标准旨在对既有建筑地基的安全性和稳定性进行评估，以确保其能够继续安全使用。该标准对既有建筑地基的可靠性鉴定提出了详细的要求和方法，包括对地基的勘察、检测、评估和鉴定等方面的内容。它不仅考虑了地基的物理力学性能，还考虑了地基的耐久性和环境因素对其的影响。该标准对既有建筑地基的可靠性鉴定工作提出了明确的要求，包括对鉴定人员的资格要求、鉴定工作的流程和程序要求、鉴定方法和指标等。这些要求旨在确保鉴定工作的科学性、准确性和可靠性。该标准为既有建筑地基的可靠性鉴定提供了全面的技术要求和操作规范，对于保证既有建筑的安全性和稳定性具有重要意义。

2.主要内容

该标准规定了既有建筑地基可靠性鉴定的方法、程序和评价标准。

方法：该标准明确了地基可靠性鉴定的具体方法，包括现场检测、室内试验和计算分析等，旨在评估地基的物理力学性能，以及其对建筑物的影响。

程序：该标准对既有建筑地基可靠性鉴定的程序做了详细规定。程序包括但不限于地基可靠性鉴定的申请、方案制定、现场工作、报告编制和鉴定结果的公布。

评价标准：该标准为地基可靠性鉴定结果的评价提供了明确的量化标准。这些标准考虑了地基的承载力、沉降、稳定性等多个因素，确保了鉴定结果的科学性和准确性。

该标准涵盖鉴定前的准备、现场勘查、数据分析、评价结论等方面的内容。

鉴定前的准备：该标准要求对既有建筑的历史、结构类型、使用状况等进行详细了解，并准备相应的技术文件；同时要对地基的初步状况进行调查，为后续工作打下基础。

现场勘查：现场勘查是地基可靠性鉴定中极为重要的一环。该标准规定了现场勘查的内容和要求，包括地基的暴露面观察、周围环境调查、现有建筑物状况的检查等。

数据分析：该标准要求对现场勘查所得的数据和资料进行详细分析。这包括对地基的物理力学性能测试数据、沉降观测记录等进行分析，以评估地基的可靠性。

评价结论：该标准要求基于上述分析和计算，编制评价结论。在编制时，需要综合考虑地基的可靠性、存在的问题及其对建筑物的影响，提出可能的改进措施和建议。

3.特点

该标准采用了先进的评价方法和技术手段，提高了鉴定的准确性和可靠性。该标准融合了我国多年的地基基础鉴定经验，结合现代科技发展，采纳了多种物理、力学及数学模型，通过数值分析、统计分析等方法，对既有建筑地基的状况进行评估。这些方法和技术手段的有效性已经在实际应用中得到了验证，能够准确地反映地基的实际情况，从而提高鉴定的准确性。该标准强调鉴定工作的科学性和客观性，为既有建筑地基的安全评估提供了有力支持。该标准的制定严格遵循了科学原则，确保了标准内容的客观性和公正性。在实际操作中，该标准要求鉴定工作应严格按照规范流程进行，所有数据采集、处理和分析都必须有明确的标准和依据，有效避免了主观臆断和人为误差，确保了鉴定结果的科学性和可信度。该标准为既有建筑地基的安全评估提供了强有力的技术支持，也为相关决策提供了可靠的依据。

（二）《既有建筑地基基础加固技术规范》

1.概述

《既有建筑地基基础加固技术规范》（JGJ 123—2012）是由中华人民共和国住房和城乡建设部发布的行业标准，适用于既有建筑地基基础的加固工程。本规范的制定旨在确保既有建筑的安全、稳定及使用功能的完整性。

《既有建筑地基基础加固技术规范》为我国既有建筑地基基础加固工程提供了一套完整的技术指导，对确保既有建筑的安全、稳定及使用功能的完整性具有重要意义。

2.主要内容

该规范中与地基基础鉴定与加固相关的主要内容包括总则、术语和符号、基本规定、地基基础鉴定、地基基础计算等。其中，总则明确了本规范的适用范围、引用标准及施工过程中的安全、环保、节能等要求。术语和符号部分对一些专业术语和符号进行了定义和说明，以便施工、设计、监理等人员更好地理解和执行。基本规定则对既有建筑地基基础的鉴定、加固设计与施工相关的内容进行了规定。地基基础鉴定部分对既有建筑地基基础鉴定做了一般规定，并提出了地基鉴定、基础鉴定的相关规范。地基基础计算部分提出了既有建筑地基基础加固设计计算的一般规定，并对地基承载力计算、地基变形计算制定了相关规范。

3.特点

该规范综合考虑了既有建筑的特点和加固工程的实际需求，为既有建筑地基基础加固工程提供了全面的技术指导。

（三）《微型桩地基基础加固处理技术规程》

1.概述

山东省工程建设标准《微型桩地基基础加固处理技术规程》（DB37/T 5218—2022），由山东省住房和城乡建设厅归口上报，主管部门为山东省市场监督管理局。该规程的制定目的是规范微型桩地基基础加固处理技术在设计、施工、检验和监测等方面的应用，以确保工程质量和施工安全。该规程详细规定了微型桩的设计、施工、质量检验、施工监控等环节的标准和要求，包括：微型桩的设计原则、设计计算方法、施工工艺、施工设备要求、施工质量控制、施工安全措施等。此外，该规程还强调了在施工过程中应遵循的相关法律法规和政策，涉及环保、节能、文物保护等方面的内容。同时，该规程也提供了相关的技术附录，为施工人员提供了详细的操作指南。该规程的实施，有助于提高微型桩地基基础加固处理技术的施工质量，保障工程建设的安全，同时也将对地基基础鉴定领域产生深远影响。

2.主要内容

（1）总则：该规程适用于微型桩地基基础加固处理技术的规划、设计、施工、检验和监测，制定目的是提高地基承载力，减小地基变形，确保工程安全、经济、合理。在执行规程时应遵循的基本原则包括安全性、可靠性、经济性、环境友好性。

（2）基本规定：该规程规定应根据工程地质条件、结构类型、载荷特点等，合理选择微型桩地基基础加固方案。微型桩的设计、施工和检验应符合本规程的要求。

（3）设计：在设计方面，该规程涵盖选型与布置、作用效应和承载力计算、地基变形计算、承台设计和构造要求等方面的规定。选型与布置应根据工程需求和地质条件进行；作用效应和承载力计算应符合相关公式和规范要求；地基变形计算应考虑载荷大小、地基材料性质、基础尺寸等因素；承台设计和构造应满足结构稳定和承载力要求。

（4）施工：该规程详细描述了微型灌注桩、微型注浆钢管桩、微型预制桩和水泥土复合微型桩的施工方法和要求。微型灌注桩施工应采用钻孔、灌注混凝土的方法；微型注浆钢管桩施工应采用打桩、注浆的方法；微型预制桩施工应采用打桩的方法；水泥土复合微型桩施工应采用搅拌、注浆的方法。各种桩的施工应符合规程的要求，以确保工程质量。

（5）检验和监测：该规程规定了施工过程中的检验和监测要求，以确保工程质量。检验应包括桩长、桩径、桩身强度、承载力等项目；监测应包括地基变形、桩身应力、地下水位等项目。在施工过程中，施工单位应根据监测数据及时调整施工方案，保证工程安全、可靠。

3.特点

该规程作为国内首部针对微型桩地基基础加固处理的专项标准，体现了山东省在地基基础工程领域的创新与领先。它不仅填补了国内相关标准的空白，而且为微型桩技术的广泛应用提供了重要的技术支撑。该规程紧密结合微型桩地基基础的实际工程需求，提供了具体的设计、施工、检测与验收标准，确保了微型桩技术在工程中的应用效果和安全性。该规程涵盖了微型桩地基基础加固处理的各个方面，从前期勘察、设计计算，到施工技术、质量控制，再到后期验收和维护，为工程实践提供了全方位的指导。该规程吸收了当前微型桩技术发展的最新成果，反映了行业的先进技术水平，为山东省乃至全国的地基基础工程提供了先进的技术参考。该规程用词准确，技术指标明确，易于理解和操作。它为工程师提供了具体、详细的操作指南，有助于提高工程质量，减少工程风险。该规程充分考虑了山东省的地理环境、地质特点和工程建设实际，体现了地方特色和实用性，确保了规程在山东省内的适用性和广泛性。

三、标准与规范在实际工作中的应用

地基基础鉴定是工程建设的重要环节，直接关系到工程的安全性和可靠性。在实际工作中，标准与规范起着指导性和约束性的作用。首先，标准与规范可以确保鉴定的科学性和严谨性。例如，《建筑地基基础设计规范》（GB 50007—2011）详细规定了地基基础的设计原则、计算方法和施工要求，为鉴定工作提供了科学的依据。其次，标准与规范明确了鉴定的质量要求和验收标准。例如，《建筑工程施工质量验收统一标准》（GB 50300—2013）对地基基础的质量验收做出了明确的规定，包括验收程序、验收方法和验收标准等。最后，标准与规范还能指导鉴定技术的更新与发展。随着科技的进步，新的鉴定技术和方法不断涌现，如动力试验、静载试验、地下雷达探测等。这些新技术往往首先在标准与规范中得到体现和推广。

遵守标准与规范对工程质量的影响是深远的。首先，遵守标准与规范可以确保工程质量的稳定和可靠。规范的操作流程和质量控制，可以减少人为错误和不确定性，保证工程质量达到预期目标。其次，遵守标准与规范有助于提高工程的竞争力。在国际和国内市场中，符合国际标准或国家标准的产品和服务往往更受欢迎，具有更强的竞争力。最后，遵守标准与规范有助于预防工程质量事故。规范的鉴定和验收，可以及时发现和处理潜在的质量问题，避免质量事故的发生，从而保障人民群众的生命财产安全。总的来说，标准与规范在地基基础鉴定中对工程质量起到了重要的保障作用。

第三节　地基基础鉴定的
主要步骤及关键技术点

一、地基基础鉴定的主要步骤

地基基础鉴定是确保建筑物安全的重要环节，包含以下几个主要步骤：

（一）前期准备

前期准备是地基基础鉴定工作的重要组成部分，主要包括以下几个方面：

1.收集相关资料

鉴定团队需要收集地质勘查报告、设计文件、施工记录等相关资料，以便对工程项目的地质条件、设计要求、施工情况等进行全面了解。

2.确定鉴定目的、内容和范围

根据收集到的资料，鉴定团队需要明确鉴定的目的、内容和范围，确保鉴定工作有针对性和可操作性。

3.准备必要的仪器设备和工具

根据鉴定内容和范围，鉴定团队需要准备相应的仪器设备和工具，如测量仪器、钻探设备、取样工具等。

4.安排鉴定人员培训和分工

为确保鉴定工作的顺利进行，鉴定团队需要对人员进行培训，使其熟悉相关知识和操作技能。同时，还需要明确各人员的分工，确保各项工作有序进行。

（二）现场踏勘

现场踏勘是地基基础鉴定工作的重要步骤，其主要目的是对地基基础的工程现状进行初步的了解。现场踏勘的具体内容包括以下几个方面：

1.观察基础的结构形式

鉴定人员需要仔细观察基础的结构形式，记录其尺寸、构造特点以及与建筑物的连接方式，这些信息对后续的鉴定工作至关重要。

2.检查基础及其周边环境的裂缝、沉降、倾斜等现象

地基及基础周边的裂缝、沉降和倾斜现象是判断其是否存在问题的直接证据。鉴定人员需要对这些现象的位置、长度、宽度、发展速度等详细情况进行记录。

3.记录地下水位、土质、地形地貌等环境因素

地下水位、土质、地形地貌等因素都会对地基的稳定性产生影响。鉴定人员在现场踏勘时要详细记录这些环境因素，以便于后续的分析和评估。

4.拍摄现场照片，绘制现场草图

现场照片的拍摄和草图的绘制是记录现场状况的重要手段。照片应包括基础全貌、裂缝、沉降指示器、地下水位、土质情况等；草图则应准确反映基础的位置、尺寸、与周边环境的关系。

现场踏勘是一个全面、细致的工作过程，它为地基基础的进一步鉴定提供基础数据和信息。通过这个步骤，鉴定人员可以对地基基础的状况有一个初步的认识，为后续的分析和处理提供依据。

（三）地基基础检测

地基基础检测是鉴定工作的核心，主要包括以下几个方面：

1.沉降观测

通过对基础的沉降观测，可以了解基础在载荷作用下的变形情况。观测方法包括使用水平尺、精密水准仪等仪器进行高程测量，以及使用全站仪进行三维坐标测量。沉降观测通常需要记录基础的初始沉降、载荷作用下的沉降以及载荷卸载后的回弹情况。

2.裂缝测量与描述

对基础裂缝的测量和描述是判断基础是否存在损坏的重要手段。裂缝的测量包括裂缝的长度、宽度、深度等参数，裂缝的描述则包括裂缝的分布位置、形状、走向等特征。通常使用卷尺、放大镜等工具进行测量和观察。

3.地基土取样与试验

通过对地基土进行取样和试验，鉴定人员可以获取地基土的物理力学性质参数。取样方法包括钻孔取样、铲挖取样等，试验则可以确定土的密度、含水量、抗剪强度等参数。这些参数对于评估地基土的承载能力和变形特性至关重要。

4.地下水检测

地下水的存在与流动对地基基础的安全性有重要影响。地下水检测包括水

位的高低、水质的类型、流向和速度等。通常使用水位计、水质分析仪等设备进行检测。

地基基础检测的结果对于评估基础的安全性和稳定性具有重要意义，是地基基础鉴定工作中不可或缺的一部分。

（四）数据分析

数据分析是地基基础鉴定过程中的关键环节，其核心目的是通过对检测数据的深入处理和分析，评估地基基础的实际工作状态。数据分析的具体内容包括以下几个方面：

1.基础沉降量计算

基础沉降量计算是指通过收集到的数据，计算基础的整体或局部沉降量。鉴定人员通过使用专业软件对测量点的沉降数据进行统计分析，可以得出沉降曲线，进而确定沉降量。

2.沉降速率分析

在一段时间内，鉴定人员通过对沉降数据的连续监测，可以计算沉降速率。沉降速率可以反映地基的稳定性和结构的健康状态。如果沉降速率超过某个阈值，就可能意味着地基存在问题。

3.倾斜角度分析

分析建筑物的倾斜角度，有助于评估建筑物是否会因为地基不均匀沉降而产生变形。倾斜角度的计算需要精确的测量数据，还需要使用适当的数学模型进行分析。

4.地基土的物理力学性质分析

地基土的物理力学性质分析是指对取得的土样进行室内外试验，分析其密度、含水率、抗剪强度、压缩模量等参数。这些参数对于分析地基土的承载能力和变形特性至关重要。

5.地下水影响分析

评估地下水对地基基础的影响，包括地下水位的变化、渗透作用以及浮力效应等。地下水的影响是地基评价中不可忽视的因素。

6.结合设计文件和施工记录的问题分析

结合设计文件和施工记录的问题分析主要是将实测数据与设计文件和施工记录进行对比，分析是否存在施工质量问题或设计不合理、材料有缺陷等情况。这有助于确定地基基础问题出现的原因。

（五）鉴定报告编制

地基基础鉴定报告是对整个鉴定工作的全面总结，其内容应详尽地反映鉴定的各个方面。鉴定报告的主要内容包括：

1.鉴定目的、内容和范围

鉴定报告应详细阐述地基基础鉴定的目的、鉴定工作所包含的具体内容以及鉴定的范围，这有助于报告阅读者对鉴定工作的整体理解。

2.现场踏勘、检测和数据分析结果

鉴定报告应详细记录现场踏勘的情况，包括地基的状况、周围环境的影响等；同时，应提供采用的检测方法和检测结果，以及通过数据分析得出的结论。

3.地基基础存在的问题及原因分析

基于检测和数据分析结果，鉴定报告应指出地基基础存在的问题，并尝试分析这些问题产生的原因。

4.鉴定结论及建议

鉴定报告应提供一个明确的鉴定结论，指出地基基础的现状以及可能的未来发展趋势；同时，应提出改善地基基础的具体建议，包括可能的修复措施和预防措施。

鉴定报告的编制应确保内容的真实性、准确性和完整性。文字表述应清晰易懂，避免使用可能导致误解的专业术语。所有的图表和数据表示都应规范，确保能够直观地传达信息。鉴定报告的编制还应遵循相关的规范和标准,确保报告的质量和有效性。

二、地基基础鉴定的关键技术点

地基基础鉴定关键技术点有以下几个:

(一) 高精度测量

高精度测量是地基基础鉴定中不可或缺的一环。对地基的各项参数,包括地基的尺寸、形状、倾斜度、不均匀系数等进行精确测量,可以为后续的鉴定提供基础数据。高精度测量通常采用全站仪、水准仪、GNSS(全球导航卫星系统)接收机等先进设备,以确保数据的准确性和可靠性。

全站仪是一种集光、机、电为一体的高精度测量仪器,能够同时进行角度测量和距离测量。在地基基础鉴定中,全站仪可以用于测量地基的水平和垂直角度,以及地基各点的坐标。用全站仪测量得到的数据,可以准确计算出地基的尺寸和形状,以及地基的倾斜度和不均匀系数。

水准仪是一种用于测量高程差的仪器,通过水准仪可以测量地基的不同部位之间的高程差。根据地基的高程差数据,可以计算出地基的倾斜度和不均匀系数。

GNSS 接收机,可以用于测量地基各点的经纬度和高程。通过 GNSS 接收机测量得到的数据,可以准确计算出地基的坐标和高程,以及地基的倾斜度和不均匀系数。

高精度测量是地基基础鉴定中非常重要的一环。只有通过精确的测量,才能得到准确的地基基础数据,为后续的鉴定奠定基础。

（二）地质勘查

地质勘查是地基基础鉴定中的重要一环，其主要目的是深入了解拟建场地的地质环境。地质勘查的工作内容主要包括对地层的分布、岩性、层厚、地质构造等关键信息的收集与评估。这些信息对于评估地基的稳定性和承载力至关重要，是地基基础设计的重要依据。在进行地质勘查时，勘查人员通常会采用多种方法，包括钻探、挖探和地球物理勘探等。地质勘查的方法需要根据场地的具体情况和地质条件来确定。

钻探是通过旋转钻杆将地层土壤取出，直接观察岩土层的性质，是获取地质信息最直接的方法。

在地质条件较为简单或者需要详细观察地质结构时，可以直接进行挖探，以直观地了解地质情况。

地球物理勘探是利用各种地球物理方法，如地震勘探、电法勘探等，通过测量地表物理场的分布特征来推断地下地质结构。

地质勘查的成果通常表现为地质勘查报告，报告会详细描述场地地质条件、地基承载力、可能的地质灾害等，为鉴定人员提供决策支持。地质勘查不仅服务于地基基础鉴定，而且对建筑物的整体稳定性和使用寿命有着重要影响。在地质勘查过程中，还需要注意场地的环境地质问题，如地下水的影响、地震带的活动性等，这些都可能对地基基础的安全性产生影响。

（三）动态监测

动态监测是地基基础鉴定中的关键一环，它涉及地基基础在施工和运营过程中的动态响应，对评估地基基础的性能具有重要作用。动态监测主要包括应力应变监测、位移监测和裂缝监测等。

应力应变监测是通过安装应力应变片或其他传感器，实时监测地基基础在受力过程中的应力和应变状态，以评估其承载能力和变形特性。这些数据通常通过数据采集器收集，并通过分析软件进行处理和分析，以便对地基基础的性能进行实时评估。

位移监测是通过监测地基基础在施工和运营过程中的位移变化，评估其稳定性和可靠性。位移监测的方法主要包括地面位移监测、桩基位移监测和地下水位监测等。位移监测的数据可以帮助工程师及时发现和解决地基基础的不稳定因素，确保工程的安全性。

裂缝监测是对地基基础中的裂缝进行实时监测，以评估其扩展趋势和稳定性。使用传感器和图像识别技术，可以实时监测裂缝的长度、宽度和分布情况。这些数据对于评估地基基础的耐久性和安全性至关重要。

动态监测是地基基础鉴定中的关键技术点之一，它通过实时监测地基基础的动态响应，为工程师提供了评估地基基础性能的重要依据。通过应力应变监测、位移监测和裂缝监测等方法，工程师可以及时发现和解决地基基础的不稳定因素，确保工程的安全性和可靠性。

（四）非破坏性检测

非破坏性检测是地基基础鉴定中不可或缺的部分，它允许工程师在不破坏地基的情况下评估其内部结构和性能参数。非破坏性检测的主要方法有超声波检测、雷达探测和声波透射法。

超声波检测是一种利用超声波在材料中传播的原理来分析地基的物理特性的方法。其原理是通过发送和接收超声波信号，测量波速和衰减情况，从而推断地基的密实度和是否存在裂缝等缺陷。

雷达探测是一种通过发送高频电磁波来探测地基内部的结构的方法。其原理如下：当电磁波遇到不同介质的界面时，部分波会被反射回来，通过分析反射波的特性，可以判断地基是否存在空洞、洞穴或者不同材料层。

声波透射法类似于超声波检测，它使用声波在地下介质中的传播特性来评估地基的完整性。其原理是通过在地面上放置传感器，发送声波穿过地基，并检测其反射和衰减情况，来推断地基的质量。

非破坏性检测技术为地基基础的鉴定提供了重要手段，不仅可以减少测试风险、降低测试成本，而且可以提供更全面和连续的信息，有助于更准确地评估地基基础的性能。

（五）结构分析模型的选择和应用

结构分析模型的选择和应用是地基基础鉴定中的关键内容，其主要目的是通过对地基基础的受力状态和响应进行模拟，对地基的承载力、变形、稳定性等关键性能指标进行准确评估。这一过程通常依赖于力学原理和数学方法来实现。在实际应用中，结构分析模型有多种类型，主要包括弹性模型、塑性模型和黏弹性模型等。鉴定人员需要根据地基的实际情况来确定模型的类型，以确保评估结果的准确性和可靠性。

弹性模型主要基于弹性理论，用于描述材料在受到外力作用后产生的应力应变关系。在地基基础鉴定中，弹性模型通常用来分析地基在载荷作用下的短期响应，如地基的压缩性和变形量。弹性模型适用于土质较为均匀、结构简单的地基。

塑性模型则基于塑性理论，利用了材料在达到屈服极限后仍能继续变形的特点。在地基基础鉴定中，塑性模型能够更好地描述地基在长期载荷作用下的变形特性，适用于分析地基的长期稳定性和沉降量。

黏弹性模型结合了弹性模型和塑性模型的特点，同时考虑了材料的黏性和弹性行为。这种模型能够模拟地基在动载荷作用下的响应，如地震作用下的动力特性。黏弹性模型在地基基础鉴定中尤其适用于分析复杂土质条件下的地基性能。

结构分析模型的选择和应用是地基基础鉴定中的关键技术点。正确地选择和应用结构分析模型，可以有效提高地基基础鉴定结果的准确性和可靠性，为工程设计和施工提供科学依据。

（六）安全性评估

安全性评估是地基基础鉴定中的关键技术点之一，其核心目的在于对地基基础的安全性能进行全面的评价，包括对地基的稳定性、承载力以及沉降控制等方面的评估。

进行安全性评估，通常会采用风险分析、极限状态设计等方法，以此来确保评估结果的准确性和可靠性。在进行安全性评估时，评估人员需要综合考虑多种因素，如地基的地质条件、设计参数、施工质量等。这些因素都会对地基基础的安全性能产生影响，因此需要在评估过程中进行全面考虑。评估结果可以为地基基础的维修、加固和优化提供重要的依据。通过安全性评估，工程师可以发现地基基础存在的问题，从而采取相应的措施进行修复和优化，确保地基基础的安全性能。

安全性评估是地基基础鉴定中的一个重要环节，其结果对于确保地基基础的安全性能具有重要意义。

第四节　地基基础鉴定技术概述

一、地基基础鉴定技术的定义

地基基础鉴定技术是一种用于评估和确定建筑物或结构的地基基础状况的技术。一般来说，在需要对地基基础的物理力学特性进行详细的分析和评估时需要运用这种技术，以确定地基基础是否能够支撑建筑物或结构的负荷，并满足安全性和稳定性的要求。

地基基础鉴定技术通常包括对地基基础的地质调查、土壤测试、地下水位监测和地基承载力测试等方面。这些测试可以提供有关地基基础的详细信息，包括土壤的类型、密度、含水率和渗透性等。

通过地基基础鉴定技术，工程师可以确定地基基础的状况和承载能力，并据此制定适当的地基基础处理和加固措施，以确保建筑物或结构的稳定和安全。

二、地基基础鉴定技术的作用

地基基础鉴定技术在建筑工程领域中起着至关重要的作用。

通过地基基础鉴定技术，工程师可以对建筑物的地基基础进行全面评估，确保其能够承受建筑物的重量和外部环境的影响；可以发现地基是否存在不均匀沉降、裂缝、松散等安全隐患，从而及时采取措施进行加固或修复，确保建筑物的安全稳定。

地基基础鉴定技术可以为设计人员提供准确的地基条件参数，帮助设计人员更合理地设计地基基础结构。例如，根据鉴定结果，设计人员可以确定是否需要采用桩基、深基础或是浅基础等，并选择最合适的施工方法和技术。这不仅可以提高设计效率，还可以降低工程成本。

地基基础鉴定技术可以帮助投资方、业主和施工方识别和评估地基基础相关的风险。通过提前发现潜在的问题和隐患，相关方可及时采取措施，如调整设计方案、增加预算等，以降低工程风险，避免可能的经济损失和人员伤亡。

地基基础是建筑物最重要的部分之一，其质量直接关系到整个建筑物的安全、稳定和使用寿命。通过地基基础鉴定技术，工程师可以确保地基基础工程的质量满足设计和规范要求，从而提高整个建筑物的质量。

一个良好、稳定的地基基础是建筑物长期使用的关键。通过地基基础鉴定技术，工程师可以确保建筑物在各种自然和人为因素的影响下仍能保持良好的状态，从而延长其使用寿命，降低未来的维修和更换成本。

总之，地基基础鉴定技术在确保建筑物或结构的稳定和安全方面起着至关重要的作用。通过评估地基的状况和承载能力，工程师可以优化设计方案，降低工程风险，提高工程质量，延长建筑物的使用寿命。

三、地基基础鉴定技术及其发展趋势

（一）现代地基基础鉴定技术

现代地基基础鉴定技术是伴随着建筑行业的快速发展和科学技术的进步而不断发展的。在这个过程中，各种高新技术被广泛应用于地基基础鉴定中，极大地提高了地基基础鉴定的准确性和效率。计算机技术的飞速发展，使得地基基础鉴定可以利用计算机进行复杂的计算和数据分析，提高了鉴定的精确度和效率。遥感技术在地基基础鉴定中的应用，使得鉴定人员可以远距离、大范围地对地基基础情况进行监测和分析，大大提高了工作效率。地理信息系统（geographical information system, GIS）在地基基础鉴定中的应用，使得鉴定人员可以对地基基础情况进行全面、系统的管理，提高了地基基础鉴定的科学性和准确性。

近年来，以下几种新技术在地基基础鉴定中得到了应用：

1.无人机技术

无人机技术的应用在地基基础鉴定领域，为传统的地质勘查和测量带来了革命性的变化。无人机能够搭载高清摄像头、激光扫描仪和各种传感器，进行高效率、高精度的数据采集。在复杂或难以到达的区域，无人机可以安全、快速地进行地基基础的拍摄和扫描，避免了人为因素和环境限制。此外，无人机能够实时传输数据，使得工程师能够及时调整勘探方案，确保数据的准确性和时效性。

2.物联网技术

物联网技术在地基基础鉴定中的应用，主要是通过布置在土壤和结构物上的传感器，实时收集各种物理参数，如位移、应力、温度等。这些数据通过物联网传输到云平台或本地服务器，供工程师分析和评估。物联网技术使得地基基础的监测更加精细化、智能化，不仅提高了鉴定的准确性，还大大延长了基础设施的使用寿命。

3.人工智能技术

人工智能技术在处理大量数据和识别复杂模式方面表现出色，在地基基础鉴定领域也显示出了巨大的应用潜力。通过机器学习算法，人工智能可以分析无人机和物联网收集的数据，自动识别潜在的风险和问题。此外，人工智能可以预测地基的反应和性能，帮助工程师在设计阶段优化方案，减少后期可能出现的故障和损失。人工智能技术的应用，使得地基基础鉴定技术更加高效、准确，更具预测性。

总的来说，现代地基基础鉴定技术的发展，不仅提高了建筑物的安全性和稳定性，也为建筑行业的发展提供了强有力的技术支持。

（二）地基基础鉴定技术的发展趋势

地基基础鉴定技术在未来的发展中将呈现出以下几个明显的趋势：

1.朝着智能化与自动化方向发展

随着人工智能和机器人技术的不断进步，未来的地基基础鉴定将更多地依赖智能化设备。这些设备能够在恶劣环境下进行精准的检测和数据收集，减少人力成本，提高工作效率和安全性。智能化地基基础鉴定技术的核心是利用人工智能算法对收集到的数据进行快速分析和处理，从而实现对地基基础状况的准确评估。例如，利用深度学习算法对地质雷达探测数据进行自动解析，可以迅速识别出地基基础中的裂缝、空洞等缺陷。自动化地基基础鉴定技术的关键是利用机器人等自动化设备进行现场检测，从而减轻人工操作的负担。例如，利用机器人进行地质勘查，可以在复杂环境下完成地质勘查任务，提高地质勘查的安全性和准确性。此外，未来的地基基础鉴定技术还将借助物联网技术，实现设备之间的数据共享和协同工作，进一步提高鉴定效率。例如，通过在检测设备上安装传感器，可以实时收集设备的相关数据和环境数据，并将其传输到云端进行统一管理和分析，从而确保检测工作的顺利进行。未来的地基基础鉴定技术将朝着智能化与自动化的方向发展，为工程建设提供更加高效、准确和可靠的服务。

2.更加依赖数据驱动的决策支持系统

随着科技的进步，大数据和云计算技术已经逐渐渗透到地基基础鉴定领域。未来的地基基础鉴定技术将更加依赖于数据驱动的决策支持系统。这种系统能够处理和分析海量的地基基础数据，从而为工程设计、施工、加固等提供更加精确和全面的参考。数据驱动的决策支持系统能够通过对历史数据的挖掘和分析，揭示地基基础的性能和稳定性规律，帮助工程师更好地理解和预测地基基础的反应。这种系统还可以根据不同的工程特点和环境条件，提供个性化的鉴定方案和建议，从而提高工程的安全性和经济性。此外，数据驱动的决策支持系统还可以实现实时监测和远程诊断功能，通过安装在地基上的传感器，实时收集地基的应力、变形、湿度等参数，并将这些数据传输到云端进行分析。如果发现异常情况，系统就会及时发出警报，并给出相应的处理建议，从而确保工程的安全和稳定。

数据驱动的决策支持技术将成为未来地基基础鉴定技术的重要发展方向。充分利用大数据和云计算技术的优势，可以提高地基基础鉴定的效率和准确性，为工程设计和施工等提供更加科学和可靠的依据。

3.广泛地应用遥感技术

遥感技术在地基基础鉴定中的应用将越来越广泛。通过卫星或无人机搭载的传感器，可以实现对大范围地区地基状况的快速监测和评估，这对于预防和应对地质灾害具有重要意义。在未来，遥感技术将在地基基础鉴定领域发挥更大的作用。高分辨率的遥感图像能够提供更详细的地基基础信息，帮助工程师更准确地评估地基基础的稳定性和承载能力。此外，遥感技术还可以用于监测地基的变形和裂缝发展情况，及时发现问题并采取相应的加固措施。随着技术的不断进步，遥感技术将提供更高效、准确的地基信息，为地基工程的安全和可持续发展提供有力支持。

4.注重绿色和可持续发展

未来的地基基础鉴定技术将更加注重环境保护和资源的可持续利用。例如，利用生物酶技术来改善地基基础的工程性质。这种技术可以通过激活土壤中的微生物，促进土壤的加固和稳定，从而减少对环境的影响。另外，采用环保材料来减少对环境的影响也是一种趋势。例如，使用工业副产品如粉煤灰和矿渣来加固地基基础。这些材料不仅能够提高地基基础的性能，而且可以减少对资源的需求。此外，地基基础鉴定设备和方法的选择也将更加注重节能减排。例如，利用电动工具和自动化设备来降低能源消耗和减少污染。

总的来说，未来的地基基础鉴定技术将在保证工程质量的同时，更加注重环境保护和资源的可持续利用，以实现绿色和可持续发展。

新技术的应用将对地基基础鉴定工作产生深远的影响。未来的地基基础鉴定将越来越多地运用高精度传感器和遥感技术，收集更为精细的数据，从而提高鉴定的准确性。例如，利用无人机搭载高精度相机和激光扫描仪进行航拍，可以获得更为精确的地基基础表面形态和结构信息。随着人工智能和大数据技术的融合，地基基础鉴定工作将实现自动化和智能化。例如，利用机器学习算法分析大量的地质数据，可以快速生成地基基础状况报告，从而大大缩短鉴定周期，提升工作效率。新技术的应用可以减少鉴定过程中的人工风险。通过远程控制技术和 VR（虚拟现实）技术，鉴定人员可以在安全的环境中完成对复杂或危险地区的地基基础鉴定。地基基础鉴定技术的发展趋势还将推动相关领域的技术创新。例如：3D 打印技术可以用于制作定制化的地质模型，帮助工程师更好地理解地质结构；区块链技术则可以用于确保数据的安全性和不可篡改性。

随着新技术的不断涌现，地基基础鉴定领域的工作者需要不断更新知识，掌握最新的技术。这将促进跨学科人才培养，促进地质学、工程学、信息技术等多个领域的紧密合作。新技术的应用无疑将为地基基础鉴定技术带来革命性的变化，不仅会提高工作效率和精度，也将为工作环境带来极大的改善，同时推动相关领域的技术创新和人才培养。

第二章 既有建筑地基勘察
与地基基础分析

第一节 既有建筑地基勘察

一、既有建筑地基勘察技术

常规勘察技术是既有建筑地基勘察的基础，主要包括钻探、挖探、地球物理勘探等方法。这些技术是通过对地质环境的直接观察和取样，分析地质结构、土层分布、地下水位等关键信息，为地基处理和加固提供科学依据的。

（一）常规勘察技术

1.钻探

钻探是地基勘察中常用的方法之一，主要是通过旋转钻机将钻头送入地下，获取地层的岩土样本。钻探技术包括钻孔的位置、深度、直径和方向等方面的设计，以及钻孔过程中的钻头选择、泥浆使用、钻进速度控制等操作。通过钻探，鉴定人员可以了解深层地层的岩土性质，从而对地基的稳定性和承载力进行分析。

2.挖探

挖探是通过人工或机械开挖探坑、探井等，然后直接观察和取样了解地层的岩土性质的方法。挖探技术包括开挖的深度、宽度和形状等的设计，以及开挖过程中的土体稳定、排水和支护等措施。通过挖探，鉴定人员可以直观地观察地层的岩土性质和地质结构，从而对地基的稳定性和承载力进行分析。

3.地球物理勘探

地球物理勘探是利用物理场的变化来探测地下的地质结构的勘察方法。常用的地球物理勘探方法包括地震勘探、电法勘探、磁法勘探和重力勘探等。通过地球物理勘探，鉴定人员可以快速、大面积地获取地层的岩土性质和地质结构数据，从而对地基的稳定性和承载力进行分析。

（二）针对基础鉴定和加固目的的特殊勘察技术

针对既有建筑地基的基础鉴定和加固，需要采用一些特殊的勘察技术，主要包括动力勘察、地下连续墙勘探、波速测试等。

1.动力勘察

动力勘察是通过测定建筑物的振动特性来评估其健康状况的技术。这种方法通常涉及使用地震仪或振动传感器来记录结构的响应，然后分析这些数据以确定结构的刚度和频率特性。动力勘察能够识别出结构中的薄弱环节，评估地基和基础的承载能力，还能检测出是否有由土壤液化或下沉等原因引起的不均匀沉降。

2.地下连续墙勘探

地下连续墙勘探是对既有建筑周围已经存在的地下连续墙进行详细的勘察。这种技术涉及使用地质雷达、声波透射法或钻探等手段来评估墙体的完整性、深度以及墙体与周围土体的相互作用，对于评估既有地下连续墙的加固需求以及设计新的加固措施至关重要。

3.波速测试

波速测试是通过测量波动在材料中传播的速度来评估材料性质的方法。在地基勘察中，波速测试可以用来评估土壤和岩石的弹性模量和强度。通过分析波速测试结果，工程师可以确定地基的承载能力和变形特性，为既有建筑地基的基础鉴定和加固提供重要的数据支持。

（三）新技术在既有建筑地基勘察中的应用

随着科技的发展，一些新技术在既有建筑地基勘察中得到了广泛应用，并展现出明显的优势。

1.遥感技术

遥感技术是通过不同类型的传感器从远处获取地球表面信息的技术。在既有建筑地基勘察中，遥感技术可以用于大范围的地基状况调查，通过分析不同波段的遥感图像，识别地基的材质、结构以及可能的损坏情况。其优势在于能够快速获取信息，减少现场勘察的工作量，对于复杂地质条件或者难以接近的地区尤其有效。

2.GIS 技术

GIS（地理信息系统）技术是一种用于捕捉、存储、分析和管理地理空间数据的计算机技术。在既有建筑地基勘察中，GIS 可以整合不同来源的数据，如遥感图像、地形图、地质图等，进行综合分析。通过 GIS 的空间分析功能，工程师可以评估地基的稳定性和风险，为地基加固或改造提供科学依据。GIS 具有强大的数据处理和可视化能力，有助于提高勘察的准确性和效率。

3.地震勘探技术

地震勘探技术原本主要用于石油和天然气行业，现已被改造用于既有建筑地基勘察。该技术的原理是通过人工激发地震波，记录地下不同介质的传播速度和特性，从而推断地基的地质结构和性质。在既有建筑地基勘察中，地震勘探技术能够提供深层地基的信息，对于评估深基础或地下结构的稳定性非常有帮助。

4.声波透射法

声波透射法是一种基于声波在介质中传播特性的无损检测技术。在既有建筑地基勘察中，该方法通过分析声波在混凝土等材料中的传播速度和衰减情况，来评估地基的质量和完整性。声波透射法特别适用于混凝土结构的地基勘察，能够准确识别裂缝、空洞等缺陷。其优势在于无损检测，不影响地基的结构完整性，同时操作简便，结果直观。

这些新技术在提高勘察效率、降低勘察成本、提高勘察准确性等方面展现出明显优势，有望在未来得到更广泛的应用。

二、既有建筑勘察方法的选择及具体操作步骤

（一）既有建筑勘察方法的选择

应根据既有建筑的特点和地基加固需求，选择适当的勘察方法。既有建筑往往具有以下特点：建筑年代久远，结构老化；设计标准较低，难以满足现代的使用需求；周边环境变化，可能影响建筑稳定性。因此，在进行地基勘察时，工程师需要充分考虑这些特点，选择合适的勘察方法。对于既有建筑有地基加固需求的地基勘察，勘察方法应能准确评估地基的承载力、变形特性、土层分布等，为加固设计提供可靠依据。

除此之外，在选择勘察方法时，还应考虑以下因素：

1.全面性

在选择勘察方法时，应选择能够全面了解既有建筑地基情况的方法。全面性是选择勘察方法的重要依据，因为只有全面了解地基的地质条件、土层分布、地下水位等因素，才能更好地进行地基基础鉴定和加固。

2.准确性

准确性是选择勘察方法的另一个重要依据。在选择勘察方法时，要确保能够准确获取地基的物理力学参数，为地基基础分析提供真实、有效的基础数据。准确性高的勘察方法可以有效避免由数据不准确导致的工程质量问题。

3.经济性

在选择勘察方法时，不能忽略经济性。在保证全面、准确的前提下，应选择成本低、效益高的勘察方法。经济性因素包括勘察设备的投入、勘察周期、勘察成本等。经济性好的勘察方法可以有效降低工程成本，提高项目的经济效益。

4.方便性

在选择勘察方法时，应尽量选择施工方便、操作简单的方法，以降低勘察的难度，降低勘察风险。同时，方便实施的勘察方法可以提高勘察效率，缩短勘察周期。

（二）既有建筑地基勘察的具体操作步骤

1.准备工作

在既有建筑地基勘察过程中，准备工作是至关重要的一步，主要包括以下几个方面的内容：

（1）资料收集：收集既有建筑的设计图纸、施工记录、历年维修记录等相关资料，以便对建筑的结构和地基状况有全面的了解。

（2）现场踏勘：实地考察建筑物的外观、周围环境以及地基的暴露部分，观察是否有明显的裂缝、倾斜等现象。

（3）勘察工具准备：根据勘察需求准备相应的工具和设备，如测量仪器、钻机、取样工具等。

（4）人员组织：组织专业的勘察团队，对团队成员进行任务分配和技能培训，确保勘察顺利进行。

2.勘察方案设计

在收集了充分的资料并进行了现场踏勘后，就需要根据实际情况设计勘察方案。勘察方案的主要内容包括：

（1）勘察目的：明确勘察的目的和需要解决的问题，如地基的承载力、沉降状况等。

（2）勘察方法：根据目的选择合适的勘察方法，如钻探、挖探、地球物理勘探等。

（3）勘察范围：确定勘察的范围和深度，确保覆盖整个建筑地基及其影响区域。

（4）勘察步骤：详细规划勘察的步骤和顺序，确保勘察的连贯性和完整性。

3.勘察实施

在勘察方案设计完成后，就可以开始实施勘察，具体包括以下几个步骤：

（1）基准设定：在现场设定勘察的基准点，作为后续勘察测量的依据。

（2）勘察作业：按照方案设计进行钻探、取样、测试等勘察作业，并记录相关数据。

（3）数据整理：对勘察过程中得到的数据，如孔位、孔深、土层分布等进行整理。

（4）质量控制：在勘察过程中，对每一个环节进行质量控制，确保勘察数据的准确性和可靠性。

4.勘察成果分析

勘察成果分析是地基勘察的重要环节，主要包括对勘察数据的收集、整理和分析。具体操作步骤如下：

（1）收集勘察数据：收集勘察过程中所获得的各种数据，包括钻孔深度、土层厚度、土层性质、地下水位、地基承载力等。

（2）数据整理：将收集到的数据进行整理，制作相应的图表和曲线，以便分析。

（3）分析土层性质：根据勘察数据，分析各土层的物理性质、力学性质和工程特性，为地基基础鉴定和加固提供依据。

（4）分析地基承载力：根据地层条件和勘察数据，计算地基承载力，为结构设计提供参考。

（5）分析地下水位：分析地下水位的分布规律和变化趋势，为地基防渗和排水设计提供依据。

（6）综合分析：将上述各项分析结果进行综合，评估地基的稳定性和适宜性，为地基处理和基础设计提供依据。

5.编制勘察报告

勘察报告是地基勘察的最终成果，应详细、准确地反映勘察过程和成果。编制勘察报告的具体操作步骤如下：

（1）编写报告正文：根据勘察数据和分析结果，编写报告正文，包括勘察目的、勘察方法、勘察成果、结论和建议等。

（2）制作图表和曲线：根据勘察数据，制作相应的图表和曲线，以便于报告阅读者更好地理解勘察成果。

（3）编写附件：附件应包括勘察过程中所获得的各种原始数据和成果，如钻孔柱状图、土层物理力学性质指标表等。

（4）审核和修改：在完成初稿后，进行审核和修改，确保报告内容的准确性和完整性。

（6）提交报告：将审核合格的勘察报告提交给委托方，以便其进行后续设计和施工。

6.勘察质量控制

勘察质量控制是确保勘察成果准确、可靠的重要环节。具体操作步骤如下：

（1）制定质量控制计划：根据勘察任务和要求，制定质量控制计划，明确质量控制目标和措施。

（2）实施质量控制：在勘察过程中，按照质量控制计划进行监督检查，确保勘察操作符合规范要求。

（3）检查勘察成果：对勘察成果进行审核，确保数据准确、分析合理、报告规范。

（4）处理质量问题：在发现质量问题时，及时采取措施进行处理，确保勘察质量达到要求。

（6）持续改进：根据质量控制情况，总结经验教训，不断完善质量控制措施，提高勘察质量。

7.勘察资料归档

勘察资料归档是将勘察过程中所获得的各类资料进行整理、分类和归档，以便于查阅和利用。具体操作步骤如下：

（1）整理勘察资料：将勘察过程中的原始数据、成果报告、图表等资料进行整理，去除重复和无关资料。

（2）分类归档：根据资料性质和用途，进行分类归档，如钻孔资料、土层性质资料、地下水位资料等。

（3）编制目录：为归档的资料编制目录，明确资料名称、编号、存放位置等信息。

（4）编号和标注：对归档的资料进行编号和标注，便于查阅。

（5）提交归档：将整理好的勘察资料提交给委托方或相关单位，以便其进行后续查阅和利用。

三、既有建筑地基勘察数据处理

（一）既有建筑地基勘察数据的整理、分析和解释

对既有建筑地基勘察数据的整理、分析和解释是确保工程安全、合理利用资源、节约成本的重要环节，具体步骤和方法如下：

1.数据整理

数据整理是勘察数据分析的基础，主要包括数据清洗和数据排序。数据清洗是指去除勘察数据中的错误数据、重复数据和异常数据，保证数据的准确性。数据排序则是按照一定的顺序对数据进行排列，便于后续分析，如可以按照勘察点的位置、深度等进行排序。

2.数据分类

数据分类是将整理后的勘察数据按照一定的标准进行分类，以便于分析和理解。数据分类可以根据不同的标准进行，如按照土层类型、土层厚度、土层性质等分类。

3.数据分析

数据分析是对分类后的勘察数据进行深入分析，以发现数据背后的规律和特点。常用的数据分析方法有描述性统计分析、相关性分析和回归分析等：描述性统计分析可以提供数据的中心趋势、离散程度等基本信息；相关性分析可以揭示不同变量之间的关系；回归分析可以预测一个变量对另一个变量的影响。

4.数据可视化

数据可视化是将勘察数据通过图表的形式展示出来，使数据的分析和解释更加直观和易懂。常用的数据可视化工具包括柱状图、折线图、饼图等。数据可视化不仅可以展示数据的分布和趋势，还可以展示不同变量之间的关系。

5.解释数据

解释数据是指结合建筑物的具体情况和地质环境的特点，对勘察数据背后的含义进行解读。例如，可以根据勘察数据判断地基的承载力、稳定性等，为建筑物的设计和施工提供依据。

（二）数据处理在既有建筑地基基础鉴定与加固中的应用价值

数据处理在既有建筑地基基础鉴定与加固中具有极高的应用价值，这主要体现在以下几个方面：

1.准确评估地基状态

通过数据处理，可以对地基状态进行准确的评估，从而了解地基的物理性质、力学性质和稳定性。这有助于确定地基是否存在问题，以及问题的严重程度，为后续的加固工作提供科学依据。

2.优化加固方案

基于准确的地基状态评估，数据处理可以帮助制定更为合理的加固方案。不同的地基问题可能需要不同的加固方法，数据处理可以指导选择最合适的加固方法，提高加固效果。同时，数据处理还可以预测加固后的地基性能，帮助优化加固方案，确保加固工程安全、有效。

3.优化加固效果

通过数据处理，工程师可以对加固工程的效果进行实时监控和评估。在加固过程中，不断收集数据并进行分析，可以了解加固效果是否达到预期，以及是否存在新的问题。这有助于及时调整加固方案，确保加固工程的顺利进行，优化加固效果。

4.节约成本

数据处理在既有建筑地基勘察中的应用，可以大大减少不必要的物理勘探工作。通过现有的地质和建筑数据，工程师可以对地基的状况进行精确的模拟和预测，从而避免传统勘探中可能出现的多余工作。这种方法不仅节省了时间和资源，还降低了人力和物力成本。此外，精确的数据处理有助于选择最合适的加固方案，避免了过度加固或加固不足的情况，进一步节约了加固成本。

5.保障工程安全

通过对既有建筑地基的勘察数据进行处理，工程师可以更准确地识别出地基可能存在的问题，如不均匀沉降、土体松动等。这使得工程师能够有针对性地设计加固方案，确保工程的稳定性和安全性。同时，通过数据处理，工程师还能预测地基在未来可能出现的问题，为工程的长远规划提供科学依据。此外，通过数据处理，施工方可以有效避免由地基问题导致的工程事故，保障人民群众的生命财产安全。

第二节　既有建筑地基基础条件分析

一、既有建筑地基基础概况

（一）既有建筑地基基础设计资料

在分析既有建筑地基基础条件时，首先需要查阅其设计资料。这些资料通常包括建筑物的设计图纸、地质勘查报告、施工记录和验收报告等。通过这些资料，人们可以了解以下几个方面的内容：

1.设计参数

既有建筑的地基基础设计参数主要包括地基类型、土层性质、承载力要求、基础埋深等。这些参数通常基于地质勘查报告和建筑物的使用要求来确定。地基类型通常分为天然地基和人工地基，天然地基根据土层的分布与性质又可分为多种子类型。承载力要求是指地基土层能承受的载荷大小，这一参数对于确保建筑物的安全稳定至关重要。基础埋深则需要综合考虑土层的稳定性、地下水位、冻土层等因素来确定。

2.设计方法

在设计既有建筑的地基基础时，通常会采用多种方法，包括经验法、理论计算法、数值模拟法等。经验法是基于长期实践经验、结合具体地质条件和建筑物特点进行设计的一种方法。理论计算法根据土力学和结构力学的相关理论，通过公式计算确定基础尺寸和埋深。数值模拟法则通过计算机软件模拟地基的受力情况，以更精细地分析地基的应力应变状态。

3.构造要求

构造要求涉及地基基础的具体构造设计，包括基础的形状、大小、材料、连接方式等。这些构造设计需要满足承载力、稳定性、耐久性、变形控制等多方面的要求。例如，对于钢筋混凝土基础，需要确定合适的钢筋直径和混凝土强度等级，进行基础的配筋设计。

4.验收标准

既有建筑地基基础的验收标准主要包括相关的国家标准、行业标准和地方标准。这些标准规定了地基基础施工质量的检查项目、检查方法和合格标准。在验收过程中，验收人员会检查地基的施工记录、监测数据、质量报告等，确保地基基础满足设计要求和验收标准。

（二）既有建筑地基基础的当前状态和使用情况

对既有建筑地基基础的当前状态和使用情况的评估是通过现场勘察和检测来完成的，主要内容包括：

1.外观检查

地基基础的外观检查主要包括对裂缝、蜂窝、麻面等损伤情况的观察，具体内容如下：通过目测和工具检测相结合的方式，评估地基基础的整体外观质量，判断是否存在影响其使用功能和承载能力的明显缺陷。

2.结构检测

结构检测主要包括地基基础的尺寸、形状、结构完整性等方面的检查，具体内容如下：利用测量工具和仪器，如卷尺、水平仪、超声波检测仪等，对地基基础的结构参数进行测量，评估其是否符合设计要求和规范标准。

3.沉降观测

沉降观测是通过测量地基基础在垂直方向上的位移，判断其是否存在不均匀沉降或过度沉降，具体内容如下：通常采用水准仪、全站仪等仪器进行高程测量，绘制沉降曲线，分析地基基础的稳定性和可靠性。

4.材料性能测试

材料性能测试主要包括地基基础所用材料的强度、刚度、耐久性等方面的检测，具体内容如下：通过取样、实验室试验等方式，评估地基基础所用材料的性能是否满足设计要求，以及是否存在老化、腐蚀等现象。

（三）既有建筑地基基础可能存在的问题

通过对既有建筑地基基础的当前状态和使用情况的分析，可能发现以下几个问题：

1.不均匀沉降

不均匀沉降是指地基在承受建筑物重量后，各部分发生不同程度下沉的现象。这种现象往往会导致建筑物产生倾斜、开裂等问题。不均匀沉降的主要原因包括地基土质不均匀、基础设计不合理、施工不规范等。对于既有建筑而言，不均匀沉降可能会随时间逐渐加剧，对建筑物的结构安全和使用功能造成严重影响。

2.材料老化

随着时间的推移，地基基础材料（如混凝土、钢筋等）可能会发生老化现象，导致其力学性能下降。地基基础材料可能受到化学腐蚀、碱骨料反应、钢筋锈蚀等因素的影响而老化。这些因素会使地基基础材料的承载能力降低，增加建筑物的安全风险。

3.结构损伤

地基结构在承受建筑物重量的过程中可能会出现各种损伤，如裂缝、剥落等。这些损伤可能是由材料缺陷、施工质量问题或外部环境因素引起的。结构损伤会影响地基的稳定性和承载力，进而影响整个建筑物的安全。

4.外部环境变化

外部环境变化也可能对地基基础造成影响。例如，地下水位变化，地震、台风等自然灾害，以及附近的施工作业等人为因素，都可能导致地基基础出现问题。这些外部环境变化的影响可能短期内难以察觉，但长期来看，其对地基基础的稳定性和安全性构成威胁。

5.施工质量问题

存在施工质量问题是地基基础出现隐患的一个重要原因。例如，在施工过程中对地基处理不当、施工工艺不规范、监管不到位等，都可能导致地基基础存在质量问题。这些问题可能在建筑物使用过程中逐渐显现，对建筑物的结构安全和使用寿命产生影响。

综上所述，地基基础可能存在的问题主要包括不均匀沉降、材料老化、结构损伤、外部环境变化和施工质量问题。为了预防这些问题，需要从基础设计、施工、监管等多个环节加强管理，确保地基基础的稳定性和安全性。

二、既有建筑地基基础承载力评估

地基基础承载力的评估是基于详细的地质勘查数据和相关的规范要求进行的。为此，首先要对地质进行详细的勘查，包括土壤的类型、分层情况、含水率、密度等参数，以及地下水位、地质构造等环境因素。这些数据将直接影响地基基础的承载力评估结果。接下来，要根据勘查数据和相关的规范要求，如《建筑地基基础设计规范》等，对地基基础的承载力进行评估。评估的主要参数包括基础的尺寸、形状、埋深，以及土壤的承载力特征值、抗剪强度等。最后，要通过计算，确定地基基础的实际承载力，并与设计承载力进行对比，以判断地基基础的承载力是否满足要求。

（一）既有建筑地基基础承载力不足的原因

既有建筑地基基础承载力不足的原因主要有以下几个：

1.地质勘查数据不准确

地质勘查是建筑项目的基础性工作，其结果直接关系到建筑的安全性和经济性。如果勘查数据不准确，比如对地质条件、地下水位、土层的分布和特性等描述不实，就会导致对地基承载力的评估出现偏差。在这种情况下，即使设计、施工都符合规范，建筑物地基的实际承载力也可能无法满足预期要求。

2.设计不合理

设计是建筑的灵魂，设计不合理不仅会导致建筑物的功能性、安全性、经济性、美观性等方面出现问题，也会直接影响地基基础的承载力。例如，如果在设计时对地基基础承载力的要求过高，可能会造成资源的浪费；反之，如果过于保守，则可能导致地基基础承载力不足。

3.施工质量问题

施工是建筑物从设计到使用的桥梁，施工质量问题往往会导致建筑物在使用过程中出现问题。例如，地基处理不当、施工工艺不规范、材料质量不达标等，都可能导致地基基础的承载力不足。

（二）既有建筑地基基础承载力不足可能导致的后果

如果既有建筑地基基础的承载力不足，可能导致以下后果：

1.建筑物沉降

当地基基础承载力不足时，建筑物在载荷作用下可能会产生不均匀沉降。这种不均匀沉降会导致建筑物内部结构的应力分布不均，进而引发内部结构的裂缝、钢筋的锈蚀以及混凝土的剥落等现象。当情况严重时，不均匀沉降甚至可能导致建筑物的结构损坏，影响其整体稳定性和安全性。

2.结构倾斜

当地基基础承载力不足，导致建筑物产生不均匀沉降时，可能引发建筑物的倾斜。一旦建筑物发生倾斜，其使用功能和安全性将会受到影响，同时也会对建筑物内的设备和人员安全构成威胁。此外，结构的倾斜还可能导致建筑物周围环境的改变，如地下管线的移位、道路的变形等。

3.基础破坏

地基基础承载力不足还可能导致基础破坏，如剪切破坏、压碎等。基础破坏不仅会影响建筑物的稳定性和安全性，还可能引发建筑物整体失稳甚至倒塌，给人们的生命财产安全带来严重威胁。

地基基础承载力不足可能会导致一系列不良后果，因此在进行建筑设计时，必须对地基基础的承载力进行充分评估，以确保建筑物的安全稳定。

（三）提高既有建筑地基基础承载力的方案

针对既有建筑地基基础承载力不足的问题，可以采取以下方案：

1.地基加固

地基加固是提高地基承载力的常见方法，主要包括物理方法和化学方法。物理方法主要有深层搅拌、高压旋喷、冻结法等，这些方法通过物理作用改变地基的物理性质，从而提高其承载力。化学方法主要有注浆、化学土壤固化等，这些方法通过化学反应改变地基的化学性质，从而提高其承载力。

2.基础加固

基础加固主要是通过增加基础的截面面积或改变基础的形状来提高其承载力。例如，可以在原有基础上增加一层混凝土板，或者将原有基础的形状由方形改为圆形，以提高其承载力。

3.结构调整

结构调整是通过改变建筑物的结构布局，从而减小地基的载荷，达到提高地基基础承载力的目的。例如，可以减小建筑物的层高，或者将部分载荷转移到其他支撑结构上。

4.地下排水

地下排水是通过改善地基基础的排水条件，减小地基基础的孔隙水压力，从而提高其承载力。例如，可以在地基周围设置排水井，或者在地基中设置排水管道，以减小孔隙水压力，提高地基基础承载力。

三、既有建筑地基基础变形分析

（一）地基基础的变形情况

地基基础的变形主要包括沉降和倾斜两种类型。沉降是指地基基础在载荷作用下产生的垂直变形，而倾斜则是指地基基础产生的水平变形。沉降可分为均匀沉降和不均匀沉降，均匀沉降是指整个基础的沉降量在各个方向上相等，而不均匀沉降则是指基础的沉降量在各个方向上不等。倾斜也可分为均匀倾斜和不均匀倾斜，均匀倾斜是指整个基础的倾斜角度在各个方向上相等，而不均匀倾斜则是指基础的倾斜角度在各个方向上不等。

地基基础的变形受到多种因素的影响，如土质的类型、载荷的大小和分布、基础的尺寸和形状等。在实际工程中，工程师通常通过现场观测和室内试验等方法来分析地基基础的变形情况，以判断地基是否稳定，从而确保建筑物的安全。

（二）地基基础变形对建筑物结构和使用功能的影响

地基基础变形对建筑物结构和使用功能有着直接的影响。一方面，适量的沉降和倾斜是可以接受的，因为所有建筑物都会发生一定程度的变形。然而，过大的变形则可能导致建筑物的结构损坏，使建筑物的使用功能受到影响。例如，过大的沉降可能导致地面开裂、墙体倾斜，甚至使整个建筑物因失去平衡而倒塌。另一方面，不均匀的变形比均匀的变形更为危险。因为不均匀的变形可能导致建筑物产生局部的应力集中，从而加速建筑物的结构损坏；不均匀的变形还可能导致建筑物内部空间的不合理布局，影响其使用功能。

（三）未来地基基础的变形趋势和可能的风险

在预测未来地基基础的变形趋势和可能的风险时，需要考虑多种因素，如土质的类型、载荷的大小和分布、基础的尺寸和形状等。在实际工程中，工程师通常通过长期观测和定期检查等方法来跟踪地基基础的变形情况，以评估未来的趋势和风险。

一般来说，地基基础的变形会随着时间的推移而逐渐趋于稳定。然而，在某些情况下，地基基础的变形可能会持续加剧，甚至产生新的变形。这可能是由于土质的类型和性质发生了变化，载荷的大小和分布发生了改变，或者基础的尺寸和形状发生了变化。

工程师要密切关注地基基础的变形情况，及时采取措施来防范和降低风险。例如，对于过大的沉降和倾斜，可以采取加固措施，如使用地基加固剂、改变基础的尺寸和形状等；对于不均匀的变形，可以采取调整载荷的大小和分布等方法。

第三节　地质条件对既有建筑地基基础的影响

一、地质条件对既有建筑地基基础承载力的影响

（一）不同地质条件对地基基础承载力的影响

地基基础的承载力受到地质条件的多重影响，其中包括土层的类型、厚度和组合、地质构造以及地下水等因素。不同类型的地质条件对地基基础承载力的影响各有不同。

1.土层

土层的类型、厚度和组合对地基基础的承载力有着直接的影响。一般来说，土层可分为四种类型：松散土层、一般土层、中等密实土层和紧密土层。在松散土层中，地基基础的承载力较低；而在紧密土层中，地基基础的承载力则相对较高。此外，土层的厚度和组合也会影响地基基础的承载力，如多层土层的地基基础承载力通常低于单一土层。

2.地质构造

地质构造包括断裂带、褶皱带等地质现象，对地基基础的承载力也有显著影响。地质构造的活跃程度越高，地基基础的承载力通常越低。这是因为地质构造活动会导致地层破碎、岩性变化，从而影响地基基础的稳定性。

3.地下水

地下水是影响地基基础承载力的另一个重要因素。地下水位的高低、水质的软硬以及地下水流动的方向和速度都会对地基基础的承载力产生影响。例如，当地下水位较高时，土层的有效应力降低，承载力也会相应减小，而地下水流动会冲刷土层，影响地基基础的稳定性。

地质条件对既有建筑地基基础的影响是多方面的，需要综合考虑土层、地质构造和地下水等因素，以确保建筑物的安全和稳定。

（二）适应不同地质条件的地基基础加固方案

为适应不同的地质条件，地基基础加固方案需要具有针对性。

1.更换地基基础材料

地基基础材料的选取对建筑地基基础的承载力有着直接的影响。在不良地质条件下，如软土、松散砂层等地质，地基基础的承载力会显著降低。此时，可以考虑更换地基基础材料，如采用碎石、砂石等具有较高强度和稳定性的材料，来提高地基基础的承载能力。此外，还可以采用深层搅拌、高压旋喷等工艺，对不良地质层进行加固，从而增强地基基础的整体稳定性。

2.地基基础处理技术

针对不同地质条件，地基基础处理技术也是提高地基基础承载力的重要手段。例如，对于柔性基础，可以采用预压加固、冻结法、电渗法等，通过改变地基基础的物理和化学性质，提高其承载力。对于岩石地基基础，可以采用爆破法、钻孔法等，增加地基基础的密实度和强度。

3.地基加固结构

地基加固结构主要包括地基梁、地基板、地锚等，这些结构可以有效地将上部结构的载荷传递到地基基础中，提高地基基础的承载力。在设计地基加固结构时，应充分考虑地质条件，如地质层的分布、地下水情况等因素，以确保加固结构的稳定性和有效性。

4.地下水控制

地下水是影响地基基础承载力的一个重要因素。地下水位的上升会导致地基基础的软化，降低其承载力。因此，在进行地基加固设计时，必须考虑对地下水的控制。常见的地下水控制方法包括排水法、截水法、降水法等。通过有效地控制地下水，可以保证地基基础的稳定性和承载力。

地质条件对既有建筑地基基础的影响深远，通过深入了解不同地质条件对地基基础承载力的影响，并采取相应的加固方案，可以确保建筑物的安全和稳定。

二、地质条件对既有建筑地基基础变形的影响

（一）地质条件对地基基础变形的影响

地质条件是影响既有建筑地基基础变形的重要因素，其影响方式和程度表现在以下几个方面：

1.地层的压缩性

地层的压缩性是指地层在受到压力时体积缩小的性质。地层的压缩性对地基基础的变形有着直接的影响。当地层的压缩性较大时，由于建筑上部结构的载荷作用，地层会发生较大的压缩变形，从而导致地基基础下沉。这种下沉可能会引起建筑物的倾斜、开裂等病害，影响建筑物的使用寿命和安全性。

2.地层的强度

地层的强度是指地层抵抗变形的能力，主要包括抗剪强度和抗压强度。地层的强度对地基基础的变形影响主要表现在两个方面：一是地层强度的差异会导致地基基础产生不均匀变形，从而使建筑物产生局部倾斜或开裂；二是当地层强度较低时，建筑物的载荷容易使地层产生塑性变形，进而引发地基基础的失稳。

3.地层的渗透性

地层的渗透性是指地层允许水通过的性能。地层的渗透性对地基基础的影响主要体现在地下水的作用上。当地层的渗透性较好时，地下水容易渗透到地基基础底部，产生浮力作用，使地基基础产生上浮变形。当地层的渗透性较差时，地下水在地层中流动受阻，容易产生静水压力，使地基基础产生不均匀变形。地层渗透性的变化主要由岩石裂隙的发育程度和连通性决定。

4.地质构造

地质构造是指地壳内部的各种构造形态。地质构造对地基基础的影响主要表现为构造活动导致的地震、地裂缝等地质灾害，以及地质构造引起的地质环境的改变。这些因素都可能导致地基基础产生不均匀变形甚至失稳。地质构造的稳定期与活跃期对地基基础的影响差异显著，活跃期可能导致地基基础变形加剧。

5.地下水

地下水是地层中的水，其对地基基础的影响主要体现在浮力作用、静水压力和动水压力三个方面。当地下水位较高时，地下水产生的浮力作用会使地基基础产生上浮变形。当地下水流速较快时，动水压力会使地基基础产生冲刷、淘刷等破坏。此外，地下水还容易引起地层的软化、泥化等现象，降低地层的强度和稳定性，从而影响地基基础的性能。地下水循环的改变，如补给量、排泄量的变化，都会影响地基基础的稳定性。

（二）预防和控制地基基础变形的措施

预防和控制地基基础变形的措施主要包括以下几个：

1.合理选择建筑场地

合理选择建筑场地是预防和控制地基基础变形的第一个步骤。在选址时，需要对地质条件进行详细的调查和分析，避免在地质条件复杂、不稳定或者容易发生变化的区域施工。例如，应该避免在软土层、断层带、岩溶地区等区域施工。

2.加强地基基础处理

地基基础处理是预防和控制地基基础变形的重要手段。根据地基基础的地质条件，采用适当的地基基础处理方法，如地基基础加固、地基基础置换、排水等，可以有效地提高地基基础的承载力，降低地基基础变形的可能性。

3.地下水控制

地下水是影响地基基础的一个重要因素。地下水控制措施包括地下水位控制和地下水排除。地下水位控制可以通过井点降水、截水帷幕等方法实现，而地下水排除可以通过排水井、排水沟等设施实现。有效地控制地下水，可以减轻地下水对地基基础的浮力作用，降低地基基础变形的可能性。

4.加强监测

加强监测是预防和控制地基基础变形的一项重要措施。通过安装监测仪器，对地基基础的变形情况进行实时监测，可以及时发现和处理地基基础变形问题，防止地基基础变形的进一步发展。

第三章　地基基础检测与监测

第一节　地基基础检测与监测概述

一、地基基础检测与监测的定义与目的

（一）地基基础检测与监测的定义

地基基础检测是指通过对地基基础的物理、力学性能指标进行测试，以确定其是否满足设计要求的过程。

地基基础监测则是在基础施工和使用过程中，对地基的变形、应力、稳定性等参数进行连续或定期的观测和记录，以确保地基基础的安全和稳定。

（二）地基基础检测与监测的目的

1.确保地基基础的设计和施工符合规范和标准要求

通过检测与监测，可以验证地基基础的设计参数和施工质量是否满足相关规范和标准，确保地基基础的安全性和可靠性。这包括对地基基础类型、深度、宽度、承载力等方面的检测，以及对施工过程中的质量控制。

2.预防和控制地基基础的病害和破坏

地基基础在使用过程中可能会受到各种因素的影响，如土壤性质、地下水、载荷变化等，导致地基基础出现病害和破坏。通过定期检测与监测，可以及时发现地基基础的异常情况，以便采取相应的措施预防和控制病害的发展，延长

地基基础的使用寿命。

3.保障建筑物的安全、稳定和耐久性

地基基础是建筑物的承载主体，其安全性和稳定性直接关系到整个建筑物的安全。通过地基基础的检测与监测，可以确保建筑物的地基基础在设计和使用过程中始终保持良好的状态，保障建筑物的整体安全、稳定和耐久性。

二、地基基础检测与监测的区别与联系

（一）地基基础检测与监测的区别

地基基础检测与监测虽然目的相似，但具体实施过程和手段有所不同。

地基基础检测通常是通过对地基基础的样本或整体进行测试，获取其物理力学性能指标，以评估地基基础的性能。地基基础检测具有针对性和时效性，通常在特定阶段进行，如施工前、施工中、施工后等。

地基基础监测则是通过对地基的变形、应力、稳定性等参数进行连续或定期的观测和记录，评估地基基础的长期性能和健康状况。地基基础监测具有持续性和系统性，需要使用各种监测仪器和设备。

（二）地基基础检测与监测的联系

地基基础检测与监测的联系在于：在监测过程中需要进行多次检测，以获取地基基础的初始数据和变化趋势；同时，监测结果可以为检测提供依据和参考。

三、地基基础检测与监测的适用范围

对于新建建筑物，地基基础检测与监测是确保工程质量的关键环节。在施

工前，通过地质勘查和初步设计确定基础形式和施工方案。在施工中，对桩基、地基处理等关键工序进行监测，以确保施工符合设计要求。在施工后，对地基基础的承载力、沉降等进行长期观测，评估地基基础的稳定性和安全性。

对于改扩建项目，原有地基基础的承载力和稳定性是设计新结构时必须考虑的因素。因此，在施工前需要对现有地基基础进行检测，评估其对新增载荷的适应性。监测工作通常包括沉降观测、倾斜测量等，以确保新增结构与原有结构协同工作，避免相互影响。

存在地基病害和问题的建筑物的地基基础可能已经出现了一定程度的损坏或变形。应通过详细检测、分析病害的原因，并有针对性地进行监测，来评估病害发展的趋势和速度。监测结果对于制订修复方案和防止病害进一步发展至关重要。

对于重要建筑物和高层建筑物，地基基础的稳定性和安全性直接关系到整个建筑物的使用寿命和安全性。因此，这类建筑物的地基基础检测与监测工作尤为重要。为此，要对地基基础的承载力、沉降、倾斜等参数进行严格的监测，并建立完整的监测档案，以便及时发现问题并采取措施。

对于特殊性土，由于其特殊的工程性质，对地基基础设计和施工有更高的要求。在这种情况下，地基基础检测与监测需要考虑土体的特殊性对结构的影响。例如，湿陷性黄土在遇水时可能发生突然的沉降，膨胀土则在季节变化时容易产生体积变化。因此，监测内容应包括土体的稳定性、水分变化以及这些变化对地基基础的影响等。

地基基础检测与监测是确保建筑物安全、稳定和耐久性的重要手段，对于各种类型的地基基础和建筑物都具有广泛的适用性。

第二节　传统地基基础检测
与监测技术

一、传统地基基础检测技术

在古代，人们主要依靠目测和经验来判断地基的稳固性。随着科学技术的进步，地基基础检测技术也得到了相应的发展。到了 20 世纪初，人们开始使用简单的测量工具，如水平尺、尺子等，来检测地基基础的水平度和垂直度。进入 20 世纪 50 年代，随着电子技术的兴起，地基基础检测技术也得到了飞速发展，先进的检测技术逐渐应用于工程实践中。这些技术具有较高的精确度和可靠性，为地基基础工程的质量控制提供了有力保障。常用的传统地基基础检测技术有以下几种：

（一）静态载荷试验

1.原理和方法

静态载荷试验是地基基础检测中常用的一种技术，主要通过给地基施加一定的静载荷，观察地基基础的变形和稳定性，从而评估地基基础的承载力和变形特性。静态载荷试验基于弹性理论和土力学的基本原理，通过测量加载前后地基的变形量，计算地基的承载力和变形模量。

试验方法通常分为直接法和间接法两种。直接法是指直接测量加载板下地基的沉降量，间接法则是通过测量地基表面的应变或位移来计算沉降量。直接法简单易行，但需要较大的加载设备；间接法所需设备较为小巧，但测量精度要求较高。

2.设备和仪器

静态载荷试验所需的设备和仪器主要包括加载设备、测量设备和数据处理设备。

加载设备主要有加载板、加载装置和反力装置等。加载板的大小和形状根据试验要求选择，通常为方形或圆形；加载装置可以是液压加载器或机械式加载器，用于施加恒定的静载荷；反力装置则用于支撑加载装置和提供反力，通常由多级刚性支撑架组成。

测量设备主要有位移传感器、应变片和测斜仪等。位移传感器用于测量加载板下地基的沉降量，应变片用于测量地基表面的应变，测斜仪则用于测量地基的侧向位移。

数据处理设备则包括数据采集器、计算机和相应的数据处理软件，用于实时采集和处理试验数据。

3.实际操作流程和注意事项

实际操作流程主要包括试验前的准备工作、试验过程和试验后的数据处理三个阶段。在试验前，需要选择合适的试验地点，布置加载设备和测量设备，并对设备进行调试；在试验过程中，先进行预加载，使地基达到初始稳定状态，然后逐步加大载荷，测量不同加载下的地基变形量，直至达到最大载荷；在试验结束后，采集和处理数据，计算地基基础的承载力和变形模量。

注意事项主要有：确保加载设备的稳定性和精度，测量设备的准确性和可靠性；严格遵循试验规程，保证试验安全；及时记录试验数据，防止数据丢失；对试验结果进行合理分析和解释。

（二）动力触探试验

1.原理和方法

动力触探试验是一种常用的地基基础检测技术，主要用于测定土壤的动态性质和桩基的承载力。其基本原理是通过一定质量的重锤，从一定的高度自由落下，撞击桩顶或桩身，通过测量重锤落下过程中的冲击次数、落距、能量等参数，来评估土壤的性质和桩的承载力。

动力触探试验的方法主要包括静态触探和动态触探两种。静态触探是通过测量静力贯入的阻力来评估土壤性质的，动态触探则是通过测量动态贯入的阻力来评估土壤性质的。二者原理类似，但动态触探更能反映土壤的实际动态响应。

2.设备和仪器

动力触探试验所需的设备和仪器主要包括：重锤、测锤、贯入仪、信号放大器、数据采集器等。

在动力触探试验中，重锤是进行试验的关键部件之一。它通常由质量较大的金属制成，以确保在落下时能够产生足够的冲击力。重锤的设计要能够保证在冲击过程中能量得到集中释放，以便准确测量其对地面的冲击效果。

测锤是动力触探试验中用于测量冲击力大小的工具。它通常连接在重锤和贯入仪之间，能够将重锤的冲击力传递给贯入仪，并将其转换为可以读取的数值。测锤的准确度直接影响到试验结果的可靠性。

贯入仪是动力触探试验中用来测量重锤落下时贯入土壤深度的仪器。它通常由一个细长的杆和一个可以旋转的测量盘组成。当重锤冲击地面时，贯入仪的杆会插入土壤，测量盘可以精确地计算出贯入的深度。

信号放大器是动力触探试验中用来放大测锤传递的微小信号的设备。测锤传递的冲击力信号通常非常微弱，需要通过信号放大器进行放大，以便后续的数据采集和分析。信号放大器的作用对于确保数据的精确性至关重要。

数据采集器是动力触探试验中用来收集和记录试验数据的设备。它通常连接在信号放大器之后，能够实时采集和存储贯入仪的读数和其他相关数据。数据采集器通常具备一定的数据处理能力，可以对采集到的数据进行初步的处理和分析。

3.实际操作流程和注意事项

实际操作流程如下：选择合适的试验地点，确保试验安全；安装贯入仪，调整测锤和信号放大器；确定试验参数，如重锤质量、落距等；开始试验，记录冲击次数、落距、贯入阻力等数据；在试验结束后，卸下设备，整理试验现场。

注意事项如下：确保试验设备安全可靠，避免试验过程中出现意外；在试验前，进行设备校准，确保试验数据的准确性；在试验过程中，严格遵循操作规程，确保试验顺利进行；在试验结束后，及时整理试验数据，分析结果，为工程设计提供依据。

（三）超声波检测

1.原理和特点

超声波检测是一种基于超声波在材料中传播特性的无损检测技术。其主要原理是利用超声波在材料内部传播时遇到不同界面会产生反射、折射和衰减等现象，对信号进行接收和分析，从而得到材料内部的缺陷信息。

超声波检测具有以下几个特点：

（1）非破坏性

超声波检测不会对被检测物体造成损伤，可以实现对地基基础内部缺陷的检测。这使得超声波检测在地基基础检测领域得到了广泛应用。

（2）精确度高

超声波检测可以精准确定地基基础缺陷的位置、大小和形状。这是因为超声波在材料中的传播速度和传播特性是已知的，通过分析接收到的超声波信号，可以准确地推断出缺陷的参数。

（3）适用范围广

超声波检测可以用于各种材料和结构的检测，包括金属、非金属、复合材料等。这使得超声波检测在多个行业中都有应用，如航空、航天、汽车、建筑等。

（4）检测速度快

超声波检测可以实现快速检测，提高检测效率。在实际应用中，超声波检测设备可以对大量材料进行快速检测，从而提高检测效率。

（5）成本低

超声波检测设备相对简单，操作方便，检测成本较低。相比其他检测技术，超声波检测具有较高的经济效益。

2.设备和仪器

超声波检测设备和仪器主要包括超声波发生器、接收器、探头和显示器等。

（1）超声波发生器

超声波发生器是超声波检测的关键部件，其主要功能是产生超声波信号，使探头发射超声波。超声波发生器通常由一个振荡器、一个放大器和一个脉冲调制器组成。振荡器产生初始的超声波信号；放大器对信号进行放大，以满足探头对信号强度的要求；脉冲调制器则用于调整超声波信号的脉冲形状和频率。通过这些组件的协同工作，超声波发生器能够产生高质量的超声波信号，以满足不同检测场合的需求。

（2）接收器

接收器的主要功能是接收探头接收到反射信号，并将其转换为电信号。接收器通常由一个放大器、一个滤波器和一个小数分频器组成。放大器用于提高接收信号的强度，以便后续处理；滤波器用于去除接收信号中的噪声和干扰，以提高信号的质量；小数分频器则用于对接收到的信号进行频率分析，以便操作人员对检测结果进行判断。

（3）探头

探头是超声波检测技术中用于将超声波发生器产生的信号传递到被检测物体内部，同时接收反射回来的信号的关键部件。探头通常由一个超声波发射器和一个超声波接收器组成。发射器将超声波发生器产生的信号转换为超声波，并将其传播到被检测物体内部；接收器则用于接收被检测物体内部反射回来的超声波信号，并将其转换为电信号，以便接收器进行处理。

（4）显示器

显示器是超声波检测设备中的输出部件，其主要功能是显示接收到的信号，供操作人员分析。显示器能够实时显示探头接收到的反射信号的波形，以便操作人员对检测结果进行判断。

此外，一些高级的超声波检测设备还配有数据分析软件，能够对显示的信号进行实时分析，提供更加精确的检测结果。

3.在地基基础工程中的应用

超声波检测技术在地基基础工程中具有广泛的应用前景，主要应用于以下几个方面：

（1）混凝土质量检测

超声波检测技术在地基基础的混凝土质量检测中起着重要作用。通过超声波检测，工程师可以准确地获取混凝土内部的波速，从而评估混凝土的密实度和均匀性。波速与混凝土的强度和质量直接相关，波速越快，混凝土的强度越高，质量越好。此外，超声波检测还可以检测混凝土内部的裂缝、空洞等缺陷，为混凝土质量评估提供可靠的数据支持。

（2）钢筋锈蚀检测

超声波检测技术还可以用于地基基础中钢筋锈蚀的检测。钢筋锈蚀是导致混凝土结构破坏的主要原因之一，因此及时检测钢筋的锈蚀状况对于保证结构安全至关重要。超声波检测可以通过分析超声波在混凝土中的传播特性来评估钢筋的锈蚀程度。当钢筋发生锈蚀时，超声波在混凝土中的传播速度会发生变化，通过测量波速的变化可以推断出钢筋的锈蚀状况。

（3）地基沉降监测

超声波检测技术在地基沉降监测中也发挥着重要作用。地基沉降是地基基础常见的问题之一，对建筑物的稳定性和安全性产生重要影响。通过超声波检测，可以实时监测地基的沉降情况。超声波检测具有较高的精度和灵敏度，可以及时发现地基沉降现象，为采取相应的加固和修复措施提供依据。

（4）地基裂缝检测

超声波检测技术还可以用于地基裂缝的检测。地基裂缝是地基基础常见的损伤形式之一，对建筑物的稳定性和安全性产生严重影响。通过超声波检测，可以准确地检测地基裂缝的位置、宽度和深度。超声波检测具有无损、快速、准确等特点，可以在不破坏地基结构的情况下，提供准确的地基裂缝检测结果，为修复和加固地基提供重要参考。

（四）射线检测

射线检测是一种常用的无损检测技术，主要利用 X 射线或 γ 射线的穿透能力，通过探测物质对射线的吸收和散射，来判断材料的内部结构和缺陷情况。射线检测通常分为 X 射线检测和 γ 射线检测两种。

1.X 射线检测

X 射线检测，主要利用 X 射线的穿透能力进行检测。在建筑领域，X 射线检测主要用于检测混凝土结构的内部缺陷，如裂缝、空洞等。在检测过程中，通常需要使用专门的 X 射线检测设备，将 X 射线穿透混凝土，然后通过感光片或数字化设备捕捉透过混凝土的 X 射线图像，从而分析混凝土结构的内部状况。

X 射线检测具有较高的检测精度，能够准确判断混凝土结构的内部缺陷位置和大小。但这种方法对设备要求较高，检测成本也相对较高，且在检测过程中需要考虑辐射安全问题。

2.γ 射线检测

γ 射线检测与 X 射线检测原理类似，都是利用射线的穿透能力进行检测。但在建筑领域，γ 射线检测主要用于检测建筑材料中的钢筋锈蚀情况。在检测过程中，γ 射线源发射 γ 射线，γ 射线在穿过建筑材料时会被钢筋吸收，通过检测 γ 射线穿过材料后的强度变化，可以判断钢筋的锈蚀程度。

γ 射线检测具有操作简便、检测速度快等优点，但检测精度相对较低，对检测人员的经验要求较高。同时，在 γ 射线检测过程中也需要注意辐射安全问题。

（五）雷达检测

雷达检测是一种基于电磁波传播原理，通过发射射频信号并接收反射回来的信号，来分析目标物体的位置、速度和形状等信息的检测技术。雷达检测在工程领域中广泛应用于材料缺陷检测、结构健康监测等。

1.原理

雷达检测技术是一种基于无线电波波长和反射原理的无损检测方法。该技术通过发射特定频率的无线电波信号，并接收目标物体反射回来的信号，分析反射信号的特性变化，从而对物体的内部结构和完整性进行评估。雷达波在传播过程中遇到不同介质界面时，会产生反射和折射，其反射系数与介质的介电常数有关。因此，通过分析反射波的振幅、相位和频率变化，技术人员可以推断出材料内部的缺陷位置、大小和形状。

在实际应用中，雷达波检测通常采用脉冲式或连续波式的发射方式，检测系统由发射器、接收器、信号处理器等组成。发射器产生特定频率的无线电波信号，通过天线发射到被检测物体中。接收器接收物体内部反射回来的信号，并通过信号处理器对信号进行放大、滤波、解调等处理，最终通过显示器或数据分析软件呈现检测结果。

2.应用范围

雷达检测技术在多个领域有着广泛的应用。在土木工程领域，雷达检测技术被广泛应用于隧道衬砌、桥梁结构、路面等的无损检测，用于检测材料内部的裂缝、空洞、钢筋锈蚀等缺陷。此外，雷达检测技术在地质勘探、矿藏探测、金属材料检测以及医学成像等领域也有重要应用。

在地质勘探中，雷达波可以用来探测地下结构，如岩石层、洞穴等。在矿藏探测中，通过分析雷达波在地下反射和衰减的特性，可以推断出矿藏的位置和规模。在金属材料检测中，雷达波可以用来探测金属内部的裂纹、气泡等缺陷。在医学成像领域，雷达波技术，尤其是微波成像技术，可以用于人体内部的成像诊断，对某些生物组织具有较好的穿透能力，有助于发现疾病。

雷达检测技术的优点在于其非侵入性、快速、高分辨率以及能够在恶劣环境下进行检测等。但同时，该技术也存在一定的局限性，如对于含水率较高的材料，雷达波的传播特性会受到较大影响，从而影响检测结果的准确性。

二、传统地基基础监测技术

（一）沉降观测

沉降观测是一种重要的地基基础监测技术，主要是通过测量基础的下沉情况来评估基础的稳定性。沉降观测基于物体受力后的形变来反演出受力情况，从而判断基础的稳定性。常用的沉降观测方法有水准测量法、角度测量法和电磁波测量法等。这些方法各有其优缺点，如水准测量法精度高，但操作复杂；电磁波测量法操作简单，但精度较低。

（二）倾斜监测

倾斜监测是监测建筑物或者结构物是否发生倾斜的技术，通过监测倾斜角度的变化，可以评估建筑物或结构物的稳定性。常用的倾斜监测方法有角度测量法、倾斜仪法和电子倾斜仪法等。这些方法都各具优缺点，如角度测量法操作简单，但精度较低；倾斜仪法精度高，但需要专业人员操作。

（三）应力应变监测

应力应变监测是评估地基基础受力情况的重要手段，通过监测应力应变的变化，可以评估地基基础的承载能力和安全性。应力应变监测的实施需要选择合适的监测设备，布置监测点，并需要进行长期监测。常用的监测设备有应变片、应力计和光纤传感器等。监测点应根据地质条件和建筑物或结构物的特点进行布置。监测应长期稳定，以获取准确的应力应变数据。

第三节　新型地基基础检测
与监测技术

一、新型地基基础检测技术

随着科技的进步，新型地基基础检测技术的精度越来越高，稳定性越来越强。它们利用先进的传感器和信号处理技术，能够更加精确地获取地基基础的各项参数。为了便于施工和减少对环境的影响，新型检测技术趋向于非侵入性。新型检测技术正与人工智能、大数据等技术紧密结合，实现检测过程的智能化和自动化，提高检测效率和数据分析的深度。新型检测技术趋向于集多种检测功能于一体，能够同时获取多种参数，如强度、变形、湿度等，以满足复杂工程的需求。除此之外，新型检测技术能够从不同角度和层次上探测地基基础的情况，比传统检测技术更为全面和细致。传统检测技术的应用往往耗时较长，而应用新型检测技术可以在较短的时间内完成大量检测工作，大大加快检测进度。新型检测技术采用了更为先进的传感器和数据分析系统，使得获取的数据更为准确，减少了人为误差。虽然新型检测技术的初期投入较高，但因其具有高效、准确的特点，从长远来看可以降低整个工程的维护成本和风险成本。新型检测技术在操作上更为简便，减少了人员在危险环境中工作的需求，提高了工程安全性。常用的新型地基基础检测技术有如下几种：

（一）高分辨率地球物理勘探技术

1.原理和特点

高分辨率地球物理勘探技术主要是通过分析地下的物理特性，如电性、磁性、波速等，来获取地基基础的详细信息。这种技术利用物理场与地质体相互

61

作用的原理，通过分析地表或地下物理场的变化，揭示地下的结构和性质。

该技术能够提供高精度的地下图像，识别微小的地质变化。它通过使用高灵敏度的传感器和先进的信号处理技术，可以解析更细微的地质结构信息，从而在地基基础检测中发挥重要作用，并且检测过程不会对地基基础造成任何物理损害。这种无破坏性的检测技术，特别适用于那些对周边环境敏感或者不允许有任何损害的工程。相较于传统的检测方法，高分辨率地球物理勘探速度更快、效率更高，能够大大缩短检测时间，加快工程进度，大大减少工程成本。高分辨率地球物理勘探技术适用于各种类型的地基基础，能够提供有效的检测结果。

2.设备和仪器

进行高分辨率地球物理勘探通常需要以下设备和仪器：

（1）数据采集设备

数据采集设备是高分辨率地球物理勘探技术至关重要的设备，其主要功能是获取地下介质的信息。常见的数据采集设备包括地震勘探设备、电磁勘探设备、重力勘探设备等。这些设备通常由传感器、信号放大器、数据记录器等组成。传感器用于感知地下介质的物理场变化，信号放大器用于放大传感器接收到的微弱信号，数据记录器则用于记录放大后的信号。

（2）数据处理设备

数据处理设备主要用于对采集到的数据进行处理和分析，以提取有用信息。这类设备通常包括计算机、数据处理软件、数据传输设备等。计算机用于运行数据处理软件，对数据进行数学建模、信号处理、图像处理等操作。数据传输设备则用于将处理后的数据传输到其他设备或存储介质中。

（3）数据解释软件

数据解释软件是用于解释数据采集设备和数据处理设备所得到的数据的工具。这类软件通常具有丰富的功能，包括数据可视化、地球物理参数计算、地质结构建模等。通过数据解释软件，科学家和工程师可以分析地下介质的性质、推断地质结构、评估资源潜力等。

综上所述，高分辨率地球物理勘探的设备和仪器包括数据采集设备、数据处理设备和数据解释软件。这些设备和仪器共同构成了高分辨率地球物理勘探的技术体系，为地基基础检测提供了有力支持。

3.在地基基础检测中的应用

高分辨率地球物理勘探技术在地基基础检测中应用广泛，主要表现在以下几个方面：

（1）地层划分

高分辨率地球物理勘探技术在地基基础检测中的一项重要应用是地层划分。利用高分辨率地球物理勘探技术，工程师可以对地层进行精确的划分，从而为地基基础设计提供科学依据。该技术通过分析地下介质的不同物理性质，如密度、波速、电阻率等，来识别和划分不同地层。这有助于了解地层的分布特征和地质结构，为地基基础工程提供重要信息。

（2）裂缝探测

裂缝探测是高分辨率地球物理勘探技术在地基基础检测中的另一项重要应用。高分辨率地球物理勘探技术能够有效地探测地下裂缝的位置、走向、宽度和填充物等特征。该技术通过分析地下介质的物理参数，可以识别出裂缝的存在，判断裂缝的性质，从而为地基基础设计和施工提供必要的信息。这对于防止地基破坏和提高地基稳定性具有重要意义。

（3）空洞检测

空洞检测是地基基础检测中的重要内容。高分辨率地球物理勘探技术能够有效地探测地下空洞的位置、大小和形状。该技术通过分析地下介质的物理参数，可以识别出空洞的存在。

（4）地下水探测

地下水探测是地基基础检测中的关键环节。高分辨率地球物理勘探技术能够有效地探测地下水的分布、流动和水质等信息。该技术通过分析地下介质的物理参数，可以判断地下水的特征。

总之，高分辨率地球物理勘探技术为地基基础检测提供了高效、准确、经济的手段，对确保工程质量和安全具有重要意义。

（二）光纤传感技术

1.原理和特点

光纤传感技术是利用光纤作为传输介质，通过监测光在传输过程中的各种特性变化来获取外界信息的一种技术。其基本原理如下：当外界物理量（如温度、压力、应变等）发生变化时，光纤中的光信号会出现变化，通过检测这些变化，就可以得到相应的物理量信息；通过测量光在光纤中传输的时间延迟，可以确定传感点的位置，实现分布式检测；外界物理量会引起光纤折射率的变化，进而改变光在光纤中的传播损耗，可以通过检测光强变化来获取信息；外界物理量会引起光纤折射率的变化，进而改变光在光纤中的相位，可以通过检测相位变化来获取信息；外界物理量可能引起光纤中的偏振态变化，可以通过检测偏振态变化来获取信息。

光纤传感器是光纤传感技术的核心设备，通常由光源、光纤、光检测器等组成。光纤传感器具有较高的采样率，可以实现地基基础的实时检测。光纤传感技术在数据采集方面具有显著优势，通过分布式光纤传感器，可以对大范围区域进行实时检测，获取高精度、高分辨率的检测数据。在数据采集过程中，光纤传感技术能够实现对各种物理量的检测，如应力、应变、温度、湿度等。此外，光纤传感器具有较高的灵敏度，能够捕捉到微小的变化，为后续的数据分析提供可靠的数据基础。

光纤传感技术在数据传输方面具有独特优势。光纤作为一种传输介质，具有带宽宽、传输速率快、抗干扰能力强等特点。在实际应用中，通过光纤，可以将采集到的数据高效、稳定地传输到数据处理中心。此外，光纤传感器网络具有较强的扩展性，便于实现大规模检测系统的构建。

光纤传感技术采集到的数据需要经过处理才能为实际应用提供有效支持。数据处理主要包括数据预处理、特征提取、模式识别等环节。数据预处理是对原始数据进行滤波、去噪等操作，提高数据质量。特征提取是通过对数据进行分析，提取出有用的特征信息，为后续的模式识别提供依据。模式识别则是对特征信息进行分类、识别，从而实现对检测对象的状态评估。

数据处理结果，可以为检测对象的预警和决策提供支持。在预警方面，通过分析传感器数据，工程师可以实时判断检测对象是否出现异常，并发出预警信号。在决策支持方面，对检测数据的深入分析，可以为相关部门和企业提供有针对性的建议和解决方案，提高决策效率。

2.在地基基础检测中的应用

光纤传感技术在地基基础检测中具有很高的应用价值。通过分布式光纤传感器，该技术可以实时检测地基基础的应变分布情况，为评估地基基础的健康状态提供重要依据，从而有效提高地基基础的安全性和可靠性。光纤传感技术具有很高的灵敏度，能够检测到微小的应变变化，从而确保检测结果的准确性。

地基基础的温度变化对其稳定性和使用寿命有很大影响。光纤传感技术可以实时检测地基基础的温度分布，为温度变化对地基基础的影响评估提供依据。光纤传感技术的温度检测范围广、精度高，能够满足地基基础温度检测的需求。

地基基础的裂缝发展会对结构安全产生严重影响。光纤传感技术可以分布式检测地基基础的裂缝扩展情况，为裂缝的及时发现和处理提供技术支持。光纤传感技术具有很高的空间分辨率，能够准确捕捉到裂缝的发展趋势。

地基基础的沉降是评估其稳定性的重要指标之一。光纤传感技术可以实时检测地基基础的沉降情况，为评估地基基础的承载力和稳定性提供重要依据。光纤传感技术的沉降检测精度高，能够满足高精度检测的需求。

（三）无人机检测技术

1.优势和应用范围

无人机检测技术在地基基础工程领域具有显著的优势。首先，无人机体积小、重量轻，能够轻松进入复杂地形进行检测，提高了检测的灵活性和可达性。其次，无人机搭载的高清摄像头和各种传感器能够实现高精度、高分辨率的检测，为地基基础工程提供更为翔实的数据支持。最后，无人机检测具有时效性强、成本低、安全性好等特点，能够在短时间内完成大范围的检测任务，有效提高地基基础检测的效率和准确性。

无人机检测技术的应用范围也非常广泛，包括但不限于地基基础的沉降检测、裂缝检测、倾斜检测、地下水位检测等。通过无人机检测，工程师可以实时掌握地基基础的运行状态，及时发现潜在问题，为地基基础维护和加固提供有力保障。

2.设备和系统

无人机检测需要依赖先进的设备和系统。目前市场上常见的无人机检测设备包括多旋翼无人机、固定翼无人机等。这些无人机通常搭载高清摄像头、红外热像仪、激光雷达等设备，以及相应的数据处理和分析软件。其中，多旋翼无人机因其垂直起降、悬停能力好、适应性强，成为地基基础检测的主要选择。而固定翼无人机则因其飞行速度快、航程远，更适合进行大范围的地基基础检测。

3.在地基基础检测中的应用

无人机检测技术已经在地基基础检测中得到了应用。例如，利用无人机搭载的高清摄像头和激光雷达，可以实时检测地基基础的沉降情况；然后通过数据分析，可以预测地基基础的稳定性和使用寿命。再如，无人机检测技术可以实时检测地下水位变化，为地基基础的防水设计提供有力支持。

总的来说，无人机检测技术以其独特的优势，已经成为地基基础检测的重要技术手段，对提高工程质量、保障工程安全起到了重要作用。

（四）激光扫描技术

1.原理和特点

激光扫描技术是一种基于激光测量的非接触式检测方法。其主要原理是通过发射激光束，然后接收反射回来的激光信号来获取目标物体的几何信息。该技术在地基基础检测中具有高精度、高效率和实时性等优点。

2.在地基基础检测中的应用

激光扫描技术适用于各种复杂环境下的地基基础检测。激光扫描技术在地基基础检测中的应用包括基础表面的三维建模、基础的尺寸测量、基础的变形和位移检测、基础表面的裂缝和损伤检测等。

（五）红外成像技术

1.原理和特点

红外成像技术是一种基于物体自身辐射的热辐射成像方法。红外成像技术的主要原理是利用红外线探测器接收物体表面的热辐射，将其转换为电信号，然后通过图像处理技术得到物体的热像。红外成像技术具有非接触式、快速和实时等优点。

2.在地基基础检测中的应用

红外成像技术适用于各种环境下的地基基础检测。红外成像技术在地基基础检测中的应用包括基础的温度分布监测、基础的热传导性能评估、基础表面的裂缝和缺陷检测、基础的湿度变化监测等。

二、新型地基基础监测技术

（一）实时动态监测技术

实时动态监测技术是地基基础监测的重要技术之一。该技术的系统由传感器、数据采集器、通信设备等组成，可以实时采集地基基础的应力、位移、沉降等参数，并将数据实时传输到监控中心。

1.传感器

传感器是实时动态监测系统中的关键组成部分，其主要作用是收集结构体的各种物理信息，如位移、应力、温度等。传感器应根据监测对象的特点和监测需求进行选择。例如，对于大坝监测，可以选用声发射传感器、温度传感器、应变片等；对于桥梁监测，可以选用位移传感器、加速度传感器、振动传感器等。此外，传感器的选择还需要考虑传感器的精度、可靠性、寿命和维护成本等因素。

2.数据采集器

数据采集器是实时动态监测系统中的核心部件，其主要功能是实时采集传感器输出的信号，并对信号进行处理和存储。数据采集器选择，应关注其采样率、信号处理能力、存储容量、通信接口和功耗等因素。此外，数据采集器还应具备一定的抗干扰能力，以保证监测数据的准确性和稳定性。

3.通信设备

通信设备是实时动态监测系统的重要组成部分，其主要作用是将监测数据实时传输至监控中心。根据监测现场的条件，通信有有线通信和无线通信两种方式可供选择。有线通信方式通常采用光纤或电缆，具有传输速率高、抗干扰能力强等优点；无线通信方式则具有安装方便、维护简单等优点，但传输速率和抗干扰能力相对较弱。

4.监控中心

监控中心是实时动态监测系统的数据处理和分析中心，其主要功能是对监测数据进行实时显示、存储、分析和预警。在设计监控中心时，应关注以下几个方面：

（1）数据处理能力

监控中心应具备较强的数据处理能力，以满足大量实时数据的处理需求。

（2）数据存储容量

监控中心应具备足够的存储容量，以保存历史监测数据，便于后续分析和查询。

（3）用户界面

监控中心应具备友好的用户界面，便于操作人员进行数据查看、分析和预警操作。

（4）预警功能

监控中心应具备预警功能，能够在监测数据异常时及时通知操作人员，以便采取相应措施。

（5）网络通信

监控中心应具备可靠的网络通信能力，以便数据采集器进行实时数据传输。

（二）远程自动化监测技术

远程自动化监测技术通过无线通信、物联网、自动化采集等技术，实现地基基础监测数据的远程自动采集、传输和处理。该技术可以大大减轻监测人员的工作负担，提高监测效率和准确性。远程自动化监测技术主要由以下几个技术来实现：

1.无线通信技术

无线通信技术是远程自动化监测技术的重要组成部分，它利用无线电波传输数据，实现了监测设备的远程数据传输。无线通信技术主要包括蓝牙、Wi-Fi、ZigBee、LoRa 等。这些技术具有传输速度快、覆盖范围广、安装简便等优点，使得监测设备可以实时、高效地传输数据，提高监测的准确性和实时性。

2.物联网技术

物联网技术是将各种物体通过网络连接起来，实现智能化管理和控制的技术。在地基基础监测领域，物联网技术可以实现监测设备的网络化、智能化，提高监测效率。通过物联网技术，监测设备可以实现数据的实时传输、存储和分析，从而实现对被监测对象的精细化管理。此外，物联网技术还可以实现监测设备的远程控制，方便用户对设备进行维护和管理。

3.自动化采集技术

自动化采集技术是指利用计算机技术、传感器技术等实现对监测数据的自动采集、处理和传输的技术。这种技术可以大大减轻监测人员的工作负担，提高监测效率。自动化采集技术主要包括数据采集模块、数据处理模块和数据传输模块。数据采集模块通过传感器等设备实时采集被监测对象的数据；数据处理模块对采集到的数据进行初步处理，如滤波、放大、计算等；数据传输模块将处理后的数据传输到监测中心。

远程自动化监测技术通过无线通信技术、物联网技术和自动化采集技术，可以实现远程、自动化、智能化的地基基础监测，提高监测效率和准确性。

第四节　地基基础检测与监测数据的处理与分析技术

数据的处理与分析是地基基础检测与监测的关键环节。随着地基基础检测与监测技术的发展，导致大量的检测与监测数据产生，如何高效、准确地处理和分析这些数据，成了一个重要的课题。

一、数据处理与分析的重要性及基本要求

（一）数据处理与分析的重要性

地基基础工程是建筑物安全与稳定的基石，其质量直接关系到整个建筑物的使用寿命和安全性。在地基基础检测与监测过程中，所产生的数据是评估地基基础质量、预测其承载能力以及监测工程进度和效果的关键。数据不仅是决策的依据，也是工程质量控制的依据。在工程设计阶段，通过对地质条件、土壤特性和地下水位等地基基础相关数据的处理与分析，可以为设计合理的建筑结构和基础形式提供科学依据。在施工过程中，通过对实时监测数据，如深层土壤压力、水平位移、垂直位移等数据的处理与分析，可以及时调整施工方案，确保地基基础施工质量符合设计要求。在工程竣工后，通过长期监测数据，并对数据进行处理与分析，可以对建筑物的整体性能进行评估，指导维护管理工作，确保建筑物的安全运行。

（二）数据处理与分析的基本要求

数据处理与分析是确保地基基础检测和监测数据有效性及可靠性的重要环节。确保所采集数据的准确性是数据处理与分析的基础，为此应使用符合国家标准的检测设备和方法，并由专业人员进行操作。数据收集要全面，不仅包括成功的案例，也包括异常和失败的情况，以便全面分析地基基础的性能。数据处理，应采用统一的数据格式和标准，确保可以对不同来源和时间段的数据进行有效对比。数据分析要深入，不能仅停留在描述性统计的层面，还应该进行趋势分析、模式识别等高级分析。利用图表直观展示数据分析结果，有助于快速识别问题和做出决策。另外，应根据分析结果编制详细的数据分析报告，报告中应包含数据分析的方法、过程和结论，为工程决策提供书面依据。

数据处理与分析在地基基础检测和监测中起着至关重要的作用，它确保了

数据的质量和分析的准确性，可以为工程提供科学、可靠的决策支持。

二、数据处理技术

（一）数据清洗和筛选

数据清洗和筛选是数据处理的首要步骤，其目的是去除数据中的噪声和异常值，确保后续分析的准确性和有效性。其主要内容如下：①通过数据去重，确保每个数据点唯一，避免分析时出现偏差；②通过箱线图、标准分数、拉依达准则等识别并处理异常值，减少其对分析结果的影响；③对于识别出的错误数据，通过数据交叉验证等手段进行修正。

（二）数据标准化和归一化

数据标准化和归一化是为了消除不同量纲和尺度差异对数据分析结果的影响，将数据转换到同一尺度上，便于比较和计算，主要包括以下方法：

1.最大最小标准化

最大最小标准化是一种常见的数据标准化方法，其目的是将数据缩放到一个固定的范围。具体方法如下：对于一个数据集，首先找到该数据集的最大值和最小值，然后将每个数据点减去最小值，再除以最大值和最小值的差，从而将数据缩放到[0，1]区间。该方法可以有效防止数据量纲的影响，使得不同特征的数据在模型训练过程中具有相同的权重。

2.Z分数标准化

Z分数标准化，也称标准分数标准化，是一种基于数据均值和标准差的归一化方法。具体方法如下：对于一个数据集，首先计算其均值和标准差，然后将每个数据点减去均值，再除以标准差，从而将数据标准化。该方法可以使得数据具有零均值和单位方差，从而使得模型训练更加稳定。

3.小数定标法

小数定标法是一种比较简单直观的数据归一化方法。该方法将每个数据点乘以一个适当的小数，使得数据的大小处于一个合适的范围内。例如，对于地基基础检测数据，可以将数据乘以一个适当的小数，使得数据的大小处于 0 到 1 之间。该方法也可以有效防止数据量纲的影响，使得不同特征的数据在模型训练过程中具有相同的权重。

（三）缺失数据处理

在实际的数据处理工作中，经常会遇到数据缺失的问题。这种问题可能会对分析结果产生重大影响，因此需要采取适当的方法处理缺失数据。缺失数据处理主要包括两种方法：删除缺失值和填充缺失值。

1.删除缺失值

删除缺失值是一种简单直接的方法，适用于数据量较大、缺失数据较少的情况。具体操作是将包含缺失值的数据记录从数据集中删除。这种方法的优点是简单易行、计算量小；缺点是可能会丢失部分有用的信息，影响分析结果的准确性。

2.填充缺失值

填充缺失值是在保留原有数据的基础上，对缺失数据进行填充。填充的方法有很多，常见的有均值填充、中位数填充、众数填充等。

（1）均值填充

均值填充是指用数据集的均值来填充缺失值。这种方法的优点是计算简单，缺点是可能会受到异常值的影响。

（2）中位数填充

中位数填充是指用数据集的中位数来填充缺失值。这种方法的优点是不受异常值的影响，缺点是可能不适用于类别数据。

（3）众数填充

众数填充是指用数据集的众数来填充缺失值。这种方法的优点是能够反映数据的主要特征，缺点是可能存在多个众数的情况。

在实际应用中，需要根据具体的数据情况和分析目的来选择填充缺失值的方法。如果对分析结果的准确性要求较高，则可以考虑使用复杂的填充方法，如基于机器学习的填充模型；如果对分析结果的准确性要求不高，或者数据缺失较为严重，则可以考虑使用简单的填充方法，如均值填充或中位数填充。正确处理地基基础检测与监测数据的缺失值，对于保证数据分析结果的准确性和可靠性具有重要意义。

三、数据分析技术

（一）统计分析方法

统计分析方法是地基基础检测与监测数据分析的基础方法。它包括描述性统计分析、推断性统计分析和多元统计分析。

1.描述性统计分析

描述性统计分析是对地基基础检测与监测数据的基础特征进行总结和展示，主要包括计算数据的均值、中位数、众数、标准差、最小值、最大值等，并通过这些基础统计量来对数据进行初步的认识，也可以利用图表如直方图、箱线图等来直观地展示数据的分布情况、异常值等。

2.推断性统计分析

推断性统计分析是在描述性统计分析的基础上，对数据的内在关系进行假设、检验和推断。常见的方法包括 t 检验、方差分析、卡方检验等。例如，通过 t 检验来判断某次检测的样本均值是否显著高于或低于某个标准值，通过方差分析来判断不同组别的基础数据是否存在显著差异。

3.多元统计分析

多元统计分析是针对多变量数据进行的分析方法，旨在探究多个变量之间的内在关系。常用方法包括回归分析、因子分析、聚类分析等。例如，通过回归分析来研究多个自变量对因变量的影响程度；通过因子分析来降维，提取影响地基基础检测的主要因素；通过聚类分析将相似的监测数据分组，以便发现数据中的异常。

（二）机器学习算法

机器学习算法在分析大量复杂数据方面具有优势，可用于地基基础检测与监测数据的分析。

1.监督学习算法

监督学习算法是机器学习算法的一个重要分支，它依赖于训练数据集中的标签信息来训练模型，进而对新的数据进行预测。在地基基础检测与监测领域，监督学习算法可以用于分类和回归任务。例如，我们可以使用支持向量机对地基基础的稳定性进行分类；或者利用决策树对监测数据进行回归分析，预测地基基础的沉降量。

2.无监督学习算法

无监督学习算法不需要标签信息，它通过找出数据内在的结构和模式来进行学习。在处理地基基础检测与监测数据时，可以利用无监督学习算法如聚类分析，来发现数据中的自然分组，从而更好地理解地基的性质和变化趋势。比如，通过聚类可以识别出地基中不同的土层类型。

3.半监督学习算法

半监督学习算法结合了监督学习算法和无监督学习算法，它使用部分标记的数据进行训练。在地基基础检测中，半监督学习算法可以用未标记的监测数据来辅助训练模型，提高模型的泛化能力和鲁棒性。

4.强化学习算法

强化学习算法则是一种通过不断试错来学习的方法，它通过奖励或惩罚机制来指导模型的学习过程。在地基基础监测中，可以通过强化学习算法来优化监测计划，在保证安全的前提下，尽可能地提高监测效率。

（三）神经网络和深度学习技术

神经网络和深度学习技术在地基基础检测与监测数据分析中的应用越来越广泛。

1.前馈神经网络

前馈神经网络是深度学习中最基础的模型之一，它的结构特点是输入信息仅单向传递给输出。在前馈神经网络中，每一层的神经元只与下一层的神经元相连接，而不与同一层或其他层的神经元相连接。这种网络结构使得它可以处理复杂的非线性问题，广泛应用于分类、回归等任务中。

2.卷积神经网络

卷积神经网络（convolutional neural network, CNN）是一种特殊的神经网络，非常适合处理具有网格结构的数据，如图像（2D 网格）和视频（3D 网格）。CNN 通过使用卷积层来自动提取数据的特征，这使得它在图像识别、物体检测等任务中表现出色。它的结构包括多个卷积层、池化层以及全连接层。

3.循环神经网络

循环神经网络（recurrent neural network, RNN）是一种处理序列数据的神经网络。它的特点是有循环的连接，使得网络能够保持状态，即在时间序列上的信息可以通过这种循环结构进行累积和传递。这使得 RNN 特别适合完成时间序列数据处理、语音识别和自然语言处理等任务。

4.生成对抗网络

生成对抗网络（generative adversarial network, GAN）是由生成器和判别器组成的双塔结构网络。生成器的目标是生成尽可能接近真实数据分布的数据，而判别器的目标是区分真实数据和生成器生成的数据。二者在训练过程中相互竞争，使得生成器最终能够生成逼真的数据。GAN 在图像合成、数据增强等方面有广泛的应用。

第四章　地基基础性能评估

第一节　地基基础承载力评估

一、影响地基基础承载力的因素

地基基础承载力是指土壤和岩石基底承受载荷的能力。影响地基基础承载力的因素主要有：

（一）土体性质

土体性质是影响地基基础承载力的根本因素，主要包括土的类型（如黏土、砂土、粉土等）及其物理力学性能（如抗剪强度、压缩模量等）。不同类型的土其承载力差异显著，如黏土通常承载力较低，而砂土承载力较高。

（二）土体状态

土体状态指土的松紧程度，即密实度。土的密实度越高，其颗粒间接触越紧密，地基基础承载力越高。此外，土体的状态还受到施工扰动的影响，如挖掘、回填等，这些都会改变土体的原始状态，进而影响地基基础的承载力。

（三）水文地质条件

地下水位、地质构造活动、地下洞穴和岩石的裂隙度等水文地质条件对土体的性质有直接影响，从而影响地基基础的承载力。例如，地下水位上升会降低土的有效应力，导致地基基础承载力下降。

（四）设计和施工质量

地基基础的设计和施工质量是影响其承载力的直接因素。地基基础的尺寸、形状、埋深以及与土体的相互作用都会对地基基础的承载力产生影响。合理的地基基础设计可以有效分散载荷，提高地基基础承载力。

（五）外部因素

外部因素包括自然因素和人为因素。自然因素中的地震、风化作用等都会影响地基基础承载力。人为因素中的开挖、堆载、交通等也会通过改变土体的应力状态和土体性质来影响地基基础承载力。

二、地基基础承载力评估的基本流程

地基基础承载力评估的基本流程如下：

（一）资料收集

地基基础承载力评估首先要收集建筑物的设计图纸、施工记录、历年维修记录以及地基基础的相关资料；还要收集建筑物的使用现状、周边环境变化等信息。

（二）现场调查

现场调查主要包括建筑物外观检查、地基基础检测和地基土层勘察：通过外观检查识别建筑物的现有损坏和潜在问题；通过地基基础检测评估其现状和是否存在沉降、倾斜等现象；通过地基土层勘察了解土层的分布、性质和变化。

（三）计算分析

计算分析应基于收集到的资料和现场调查结果进行。计算分析包括确定土层的力学参数、计算地基基础的承载力、分析现有载荷与土层承载力的关系等。这一步是整个评估过程中最为关键的环节。

（四）载荷试验

载荷试验是先在建筑物上施加一定的载荷，然后观测土层和建筑物的反应，以此来确定地基基础的实际承载力。试验结果将直接影响评估的准确性。

（五）评估与判定

这一步是根据计算分析和载荷试验的结果，评估地基基础的承载力是否满足当前建筑物的使用需求。若承载力不足，则应判定是否需要采取加固措施；若需要加固，还应判定加固的方式和程度。

（六）提出建议

这一步是在评估的基础上，提出相应的维修、加固或改造建议。这些建议旨在提高地基基础的承载力，确保建筑物的长期安全使用。

（七）编制报告

这是最后一步，要将整个评估过程、所采取的方法、得到的结果和建议等编制成报告，供相关决策者参考。报告应详尽清晰，使非专业人员也能理解其中的内容。

三、地基基础承载力评估的方法

（一）静态载荷试验法

静态载荷试验法是评估地基基础承载力的传统方法，主要通过在基础上施加一定的静载荷，观测基础的沉降和反力，从而计算地基基础的承载力。此方法操作简单、结果直观，适用于土质均匀、压缩性较低地基基础。静态载荷试验法的原理和特点前文已有论述，此处不再赘述。

（二）动力触探试验法

动力触探试验法是通过分析锤击或振动打桩时土体的动态响应，来评估地基基础承载力的一种原位测试方法。该方法通过测量打桩时的锤击数、能量消耗或振动特性等参数，结合土体的力学性质，计算地基基础的承载力。动力触探试验法的原理和特点前文已有论述，此处不再赘述。

（三）数值模拟法

数值模拟法是基于连续介质力学原理，利用计算机软件模拟地基基础土体在载荷作用下的应力应变分布和变形情况，来评估地基基础承载力。该方法考虑了复杂的土体性质、基础形状和尺寸以及载荷分布等因素，适用于复杂地质条件或难以进行现场试验的情况。数值模拟法包括有限元法、有限差分法和离散元法等，通过这些方法，评估人员可以获得较为精细的承载力评估结果。但需要注意的是，数值模拟的结果准确性在很大程度上依赖于模型参数的选取和土体的力学性质的准确描述。

四、地基基础承载力评估面临的挑战

（一）土体参数的不确定性

在地基基础承载力评估中，土体参数的不确定性是一个挑战。土体作为地基基础的重要组成部分，其性质直接影响着地基基础的承载力。然而，土体的性质复杂多变，受到地质条件、成因、状态等多种因素的影响，表现出显著的区域性和随机性。

在实际工程中，土体参数的获取主要依赖于现场取样和室内试验。然而，由于取样过程中的扰动、试验条件的限制以及人为导致的误差等因素，获取的土体参数往往不够精确，这就是土体参数的不确定性。这种不确定性可能会导致评估结果与实际情况存在偏差，影响评估的准确性和可靠性。

土体的物理性质包括土的密度、含水率、粒径分布等，这些参数会受到取样和试验方法的影响，因此具有不确定性。土体的力学性质包括土的抗剪强度、压缩模量、黏聚力等，这些参数受试验条件的影响较大，也存在一定的不确定性。土体的性质会随着时间的推移而发生变化，如蠕变、收缩等，这也会导致土体参数的不确定性。不同地点的土体性质可能存在显著差异，这种空间变异会增加土体参数的不确定性。

因此，在地基基础承载力评估中，评估人员要充分考虑土体参数的不确定性，采用合理的评估方法和参数取值，以提高评估结果的可靠性。同时，也可以通过引入不确定性分析方法，如蒙特卡罗模拟、敏感性分析等，来评估土体参数不确定性对评估结果的影响，从而进一步提高评估的准确性和可靠性。

（二）加载历史的影响

加载历史对地基基础承载力评估具有重要影响。既有建筑已经承受了多年的载荷作用，其地基土体可能已经发生了一定的变形和强度衰减，在这种情况下，地基基础土体的实际性质已经与初始状态有所不同，因此在评估其承载力时，需要充分考虑加载历史对地基基础土体性质的影响。

在长期载荷作用下，地基基础土体可能会产生一定的沉降和侧向变形。这种变形可能会影响其承载力，进而导致建筑物的倾斜和开裂。因此，在评估地基基础承载力时，需要考虑地基已经产生的变形，并对未来载荷下的变形进行预测。

长期载荷作用可能导致地基基础土体的强度降低。这种强度衰减可能与载荷的大小、作用时间、土体的类型和环境条件等因素有关。因此，在评估地基基础承载力时，需要对土体的强度衰减进行合理估计。

长期载荷作用还可能导致地基基础土体的物理力学性质发生变化，如孔隙比的变化、黏聚力的变化等。这些性质的变化会影响地基基础土体的承载力，因此在评估时需要充分考虑这些变化。

既有建筑在长期使用过程中，可能经历了多种载荷的组合作用，如自重、使用载荷、地震作用等。这些载荷的组合作用可能会对地基基础产生复杂的影响，因此在评估承载力时，需要对载荷组合作用进行合理分析。

总之，加载历史对地基基础承载力评估的影响不容忽视。在实际评估过程中，需要充分考虑加载历史对地基基础土体性质的影响，采用合适的评估方法和参数，以更准确地预测未来载荷下的地基基础变化趋势。这有助于确保既有建筑的安全性和可靠性。

（三）复杂地质条件下的评估

在复杂地质条件下，地基基础承载力评估的难度进一步增加。例如，当存在不均匀地质分布、软土层、断裂带时，地基基础的承载性能将受到很大影响。在这种情况下，评估工作需要充分考虑地质条件的复杂性，采用适当的评估方法和模型，以保证评估结果的准确性和可靠性。

在不均匀地质分布的情况下，地基基础的承载力可能在不同区域有显著差异。这就要求在考虑整体地质条件的同时，重点关注地质条件变化较大的区域，并采用局部评估方法，如局部载荷试验或动力试验，来获取更准确的承载力数据。

软土层具有高含水率、低强度、高压缩性等特点，对地基基础的承载力有显著影响。在存在软土层的情况下进行承载力评估，应考虑软土层的厚度和分布情况，以及软土层对周围土体的影响。常用的评估方法包括十字板剪切试验、直接剪切试验等，通过这些方法可以确定软土层的抗剪强度和压缩特性。

断裂带往往伴随着裂隙发育、岩性变化等问题，会对地基基础承载力产生不利影响。在进行地基基础承载力评估时，评估人员应详细调查断裂带的产状、规模、岩性等因素，采用地质力学方法，根据断裂力学和岩体力学原理，来评估断裂带对地基基础承载力的影响。

面对复杂的地质条件，单一的评估方法往往难以满足要求。因此，评估人员需要综合运用多种评估方法，如数值模拟、现场试验、经验公式等，从不同角度和层次对地基基础承载力进行评估；同时，应结合地区经验，对评估结果进行综合分析和判断。

选择合适的地质模型对于评估地基基础承载力至关重要。评估模型应能够准确反映地质条件的复杂性，包括土体本构模型、地质结构模型等。模型的验证可以通过与现场观测数据对比来进行，以确保评估结果的可靠性。

在复杂地质条件下进行地基基础承载力评估，评估人员要对地质条件的复杂性有充分的认识，并采用适当的评估方法和模型。通过综合分析和验证，评估结果的准确性和可靠性可以得到保证，从而为既有建筑的安全性提供保障。

第二节　地基基础变形与稳定性评估

一、地基基础变形与稳定性概述

（一）变形与稳定性的定义、分类

1.变形的定义与分类

变形是指地基基础在载荷作用下产生的形状或尺寸的变化。根据变形的性质和特点，其可分为弹性变形、塑性变形和残余变形。弹性变形是指地基基础在载荷作用下产生的可逆变形；塑性变形是指地基基础在载荷作用下产生的不可逆变形；残余变形是指地基基础在载荷移除后仍保留的变形。

2.稳定性的定义与分类

稳定性是指地基基础在载荷作用下保持其原有状态的能力。根据稳定性的性质和特点，可将其分为静态稳定性和动态稳定性：静态稳定性是指地基基础在静载荷作用下的稳定性；动态稳定性是指地基基础在动载荷作用下的稳定性。

（二）影响变形与稳定性的因素

地基基础的变形与稳定性受多种因素的影响，主要包括：①地质条件，包括地层的岩性、厚度和分布等；②载荷特征，包括载荷的大小、分布和作用时间等；③环境条件，包括温度、湿度、地下水和地震等；④结构特征，包括基础的尺寸、形状和埋深等。

二、地基基础变形与稳定性评估的目的与重要性

地基基础变形与稳定性评估是工程建设中至关重要的环节。其主要目的是确保工程的安全、可靠和经济，防止由地基基础问题导致的工程事故的发生。

地基基础是承受上部结构载荷的关键部分，其稳定性直接关系到整个工程的安全。对其变形和稳定性进行评估可以提前发现潜在的安全隐患，以便工程师采取相应的措施进行加固或调整，确保工程的安全性。

地基基础变形与稳定性评估可以保证工程在设计使用寿命内的可靠性。通过评估，工程师可以了解地基基础的变形特性，确保工程的稳定性和耐久性；可以有效地控制工程成本；可以合理选择地基基础处理方案，避免由地基基础问题导致的工程造价过高等问题。

地基基础变形与稳定性评估可以减少对环境的影响。通过评估工程师可以合理选择施工方法，减少施工对周围环境的影响。我国相关法律法规规定，工程建设必须进行地基基础变形与稳定性评估。这是法律对工程建设的要求，也是工程建设的基本程序。地基基础变形与稳定性评估的重要性不言而喻，它是确保工程建设安全、可靠和经济的基础工作。

三、地基基础变形与稳定性评估的方法

（一）沉降观测法

1.观测设备与布置

沉降观测法是评估地基基础变形与稳定性的一种重要方法。其主要观测设备包括水准仪、全站仪、GNSS接收机等高精度测量仪器。在实际操作中，应根据工程规模和地质条件，选择合适的观测设备。

观测布置则主要包括观测点设置和观测线路设计。观测点设置要考虑地质

条件、工程特点及变形特征，合理布置在关键位置。观测线路设计要确保能够全面、准确地反映地基基础的变形情况。

2.观测数据分析

沉降观测数据的分析主要包括：

（1）数据整理：将原始观测数据进行清洗、格式化处理，使之便于分析。

（2）趋势分析：通过时间序列分析，观察沉降数据的变化趋势，评估地基的稳定性。

（3）异常值处理：识别和处理观测数据中的异常值，排除由外部因素导致的误差。

（4）预测分析：根据地基沉降的发展趋势，对未来沉降进行预测，为工程设计和施工提供依据。

数据分析应采用专业软件，如 AutoCAD、Surfer 等进行处理，以便直观展示分析结果；同时，应结合工程实际情况，综合考虑多种因素，确保分析结果的准确性和可靠性。

（二）倾斜监测法

1.监测设备与布置

倾斜监测法主要通过使用倾斜仪、水平仪、全站仪等监测设备来实施。这些设备能够精确地测量结构的倾斜角度和位移，从而评估其稳定性。

监测设备的布置应按照以下步骤：

（1）确定监测点：根据结构的具体情况和变形特点，选取关键点作为监测位置。

（2）安装监测设备：在确定的监测点上牢固安装倾斜仪等设备，确保其稳定性和准确性。

（3）布设通信系统：为了实时获取数据，监测设备需要通过有线或无线通信系统与数据采集中心连接。

2.监测数据分析

数据分析是倾斜监测法的核心环节，主要包括以下几个步骤：

（1）数据采集：通过监测设备定期或实时采集结构的倾斜数据。

（2）数据处理：将采集到的原始数据进行处理，包括去除噪声、校正误差等，确保数据的准确性。

（3）趋势分析：分析数据的趋势变化，判断结构的倾斜速度和稳定性。

（4）预警机制：根据倾斜程度和变化速率，设置预警阈值，当监测数据超过阈值时，会触发预警系统。

（三）极限平衡法

极限平衡法是分析土体稳定性的一种传统方法，主要包括滑移面法、条分法等。该方法基于静力平衡和土体破坏时的极限状态，通过求解土体在极限状态下各滑动面上的抗剪强度，来评估土体的稳定性。极限平衡法适用于简单的土体结构，能够提供一定的理论依据和参考价值。

（四）有限元法

有限元法是一种数值分析方法，其步骤是先将连续的土体离散化成有限数量的单元，再利用数学方法求解这些单元在各种载荷作用下的应力、应变状态，从而评估土体的稳定性。有限元法考虑了土体的非线性、材料性质的差异性以及复杂的边界条件，适用于复杂土体结构的稳定性分析。

（五）可靠度分析法

可靠度分析法是一种基于概率论的评估方法，其通过对土体稳定性分析中的各种参数进行概率分布假设，计算土体在极限状态下失效的概率，从而评估土体的稳定性。该方法考虑了不确定性因素对土体稳定性的影响，提高了评估结果的准确性和可靠性。可靠度分析法适用于长期工程观测和风险评估。

四、地基基础变形与稳定性评估的关键问题

（一）变形控制标准的确定

地基基础的变形控制标准是确保工程结构安全、可靠和适用性的重要依据。

在确定地基基础的变形控制标准时，首先要考虑的是设计要求。设计要求通常包括地基基础承载力、沉降、倾斜和裂缝控制等方面。设计人员需要根据工程的具体情况，综合考虑地基类型、土层性质、地下水位等因素，确定合适的变形控制标准。

工程环境是影响地基基础变形与稳定性评估的重要因素，包括地质条件、气候条件、周边环境等。地质条件决定了地基基础的承载力和变形特性；气候条件如温度、湿度、降水等会影响土体的含水率和强度；周边环境如交通、建筑密度等也会对地基基础的变形与稳定性产生影响。

不同结构类型的建筑对地基基础的变形要求不同。例如，高层建筑对地基基础的承载力和稳定性要求较高，而小型建筑物则相对较低。在确定变形控制标准时，需要根据结构类型和规模，综合考虑地基基础的变形特性和稳定性要求。

经济因素在地基基础变形与稳定性评估中占据重要地位。在保证工程安全和质量的前提下，需要充分考虑工程成本和投资效益。经济因素会影响变形控制标准的选取，如在预算有限的情况下，可能需要适当降低变形控制标准，以满足经济效益要求。

施工条件对地基基础的变形与稳定性具有重要影响。在确定变形控制标准时，需要考虑施工工艺、施工顺序、施工质量等因素。合理的施工条件可以有效减少地基基础的变形，提高其稳定性。

经验数据是在长期工程实践中积累的关于地基基础变形与稳定性的相关数据。在确定变形控制标准时，可以参考类似工程的经验数据，对地基基础的

变形与稳定性进行合理预测。经验数据有助于提高评估的准确性和可靠性。

影响地基基础变形与稳定性评估的因素主要包括设计要求、工程环境、结构类型、经济因素、施工条件以及经验数据等。在确定变形控制标准时，需要综合考虑这些因素，以保证地基基础的安全和稳定。另外，还应遵循相关规范和标准，如《建筑地基基础设计规范》等，结合工程实际情况进行综合分析，确保标准的科学性、先进性和实用性。

（二）稳定性分析中的不确定性因素

稳定性分析是评估地基基础安全性的关键环节，其中存在多种不确定性因素。

地质条件的不确定性主要表现在地层的分布、地质构造、土层的物理力学性质等方面。这些因素的不确定性会对地基基础的承载力和变形产生影响，因此在评估地基基础稳定性时，需要充分考虑地质条件的不确定性。

结构载荷的不确定性主要来源于载荷的大小、分布、作用时间等方面。例如，在不同的使用条件下，同一结构所承受的载荷可能会有很大的差异。这种不确定性会对地基基础变形与稳定性产生影响，需要在评估时予以考虑。

材料性能的不确定性主要指基础和结构材料的强度、刚度等性能的不确定性。这种不确定性会影响地基基础的承载力和变形，因此在评估地基基础变形与稳定性时，需要考虑材料性能的不确定性。

施工质量的不确定性主要指施工过程中可能存在的质量问题，如地基基础的深度、宽度、平整度等不符合设计要求。这种不确定性会对地基基础的承载力和变形产生影响。因此，需要在评估地基基础变形与稳定性时考虑施工质量的不确定性。

环境的不确定性主要指温度、湿度、地下水位等环境因素的变化对地基基础的影响。这些因素的不确定性会对地基基础的变形和稳定性产生影响，需要在评估时予以考虑。

计算模型的不确定性主要指在地基基础稳定性分析中所采用的计算模型的准确性。由于地质条件、结构载荷、材料性能等因素的复杂性，计算模型往往需要进行简化，这就会产生计算模型的不确定性。在评估地基基础稳定性时，需要尽量选择准确的计算模型，并考虑计算模型的不确定性。

在稳定性分析中，需要对这些不确定性因素进行合理估计，并采取适当的措施进行风险评估和控制，确保工程安全。

（三）复杂条件下的变形与稳定性评估

在复杂条件下，如软土地基、高填方地基、岩土地基等，地基基础变形与稳定性评估更加困难，需要考虑的因素更为复杂。

在复杂条件下，地基往往由多种不同的介质组成，如土体、岩石、水等。这些多相介质之间的相互作用对地基基础变形与稳定性有着直接的影响。例如，土体中的水分变化可能导致土体的体积变化，进而影响其稳定性。因此，在进行地基基础变形与稳定性评估时，需要充分考虑这些介质之间的相互作用。

地基基础变形与稳定性往往随着时间的推移而发生变化。这种时间效应可能由多种因素引起，如土壤蠕变、水分渗透、载荷的持续作用等。因此，在进行评估时，需要考虑评估结果随时间的推移可能发生的变化。

地基的变形与稳定性通常表现出非线性特性，这意味着它们之间的关系并非简单的线性关系。例如，当载荷增加到一定程度时，地基基础的变形可能会加剧，稳定性可能会迅速下降。因此，在进行评估时，需要采用合适的非线性分析方法来准确预测地基基础变形与稳定性。

施工过程可能会对地基基础变形与稳定性产生影响。例如，挖掘、填筑、打桩等施工操作都可能导致地基基础变形与稳定性发生变化。因此，在进行评估时，需要考虑施工过程可能对地基基础造成的影响。

环境变化，如气候变化、地下水位变化等，也可能对地基基础变形与稳定性产生长期影响。例如，长期的干旱可能导致土体收缩，而长期的潮湿可能导致土体膨胀。因此，在进行评估时，需要考虑环境变化可能对地基基础造成的长期影响。

在复杂条件下，工程师应采用先进的地质勘查技术、数值分析方法和监测手段，对地基基础变形与稳定性进行全面评估，并结合工程经验制定合理的工程措施，以保障工程的安全。

第三节　地基基础耐久性评估

一、耐久性概述

（一）耐久性的定义

耐久性是指建筑材料、构件或结构在预期的使用寿命内，在各种内外因素作用下保持其原有性能的能力。它是建筑品质和寿命的重要指标，直接关系到建筑的安全、可靠和经济效益。

（二）影响地基基础耐久性的因素

影响地基基础耐久性的因素众多，主要包括：

1.材料因素

材料因素是影响地基基础耐久性的重要因素之一。材料的种类、性质、配合比以及制备工艺等都会对地基基础的耐久性产生直接影响。例如，混凝土的强度、耐侵蚀性、抗碳化能力等都直接关系到地基基础的耐久性。

2.环境因素

环境因素主要包括地下水、土壤类型、温度、湿度等。这些因素会直接或间接地影响地基基础的耐久性。例如，地下水中的化学成分可能会对地基基础材料产生侵蚀作用，降低地基基础的耐久性。

3.使用因素

使用因素包括地基基础的设计使用年限、载荷大小、载荷性质等。这些因素会影响地基基础的疲劳性能和稳定性，从而影响其耐久性。例如，长期重载可能导致地基基础的沉降和变形，降低其耐久性。

4.构造因素

构造因素包括地基基础的结构形式、尺寸、施工质量等。这些因素会影响地基基础的受力状态和稳定性，从而影响其耐久性。例如，地基基础的结构形式和尺寸不合理可能导致应力集中，降低其耐久性。

二、耐久性评估的目的与意义

耐久性评估是通过对建筑材料、构件或结构的耐久性进行系统检测和评价，预测其在预期使用寿命内的性能变化和可能出现的问题，从而为建筑的维护、加固等提供科学依据。

通过评估，人们可以及时发现潜在的安全隐患，以便采取措施避免建筑事故的发生；可以了解建筑的耐久性状况，合理制定维修、加固计划，延长建筑的使用寿命；可以优化建筑的维护策略，降低维护成本，提高建筑的经济效益。耐久性评估可以推动建筑材料、设计、施工技术的创新，提高建筑行业的整体水平。

三、地基基础耐久性评估的方法

（一）环境因素评估

1.气候条件

气候条件是影响地基基础耐久性的重要环境因素之一。在评估地基耐久性时，需要考虑温度、湿度、降水量等气候因素。

2.地下水位

地下水位是影响地基基础耐久性的另一个关键因素。地下水通过地基的孔隙，会增加土壤的重量，引起附加应力，降低地基基础的承载力。此外，地下水中的溶解盐类可能在地基中结晶，造成体积膨胀，引发地基基础破坏。地下水位的波动也可能导致土壤的渗透性变化，影响地基基础的耐久性。

3.土壤腐蚀性

土壤腐蚀性是指土壤对建筑材料的腐蚀作用。不同地区的土壤化学成分差异较大，某些土壤中含有的化学物质（如硫酸盐、氯离子等）会对金属材料产生腐蚀作用，降低建筑结构的耐久性。在评估土壤腐蚀性时，需要分析土壤的化学成分，特别是那些可能与建筑材料发生化学反应的成分。

在实际评估过程中，需要根据具体情况，综合考虑这些因素的相互作用，以更准确地预测和评估地基基础的耐久性。

（二）材料性能评估

1.材料的抗腐蚀性

材料的抗腐蚀性是评估其耐久性的重要指标之一。对于地基基础而言，其主要面临的腐蚀因素包括地下水、土壤、化学物质等。在评估材料的抗腐蚀性时，通常需要考虑以下几个方面：

（1）材料的化学成分

不同材料具有不同的化学成分，因此其抗腐蚀性能存在差异。例如，不锈钢中铬和镍的含量较高，具有较好的抗腐蚀性。

（2）材料的微观结构

材料的微观结构也会对其抗腐蚀性产生影响。例如，晶粒大小和分布、晶界等都会影响材料的抗腐蚀性能。

（3）保护层

对于地基基础而言，通常会采用防腐涂层、防水涂层等来增强其抗腐蚀性。在评估时，需要考虑保护层的材质、厚度、质量等因素。

（4）环境因素

地下环境中的温度、湿度、pH 值等都会对材料的抗腐蚀性产生影响。因此，在评估时需要考虑环境因素。

2.材料的抗疲劳性能

地基基础在长期使用过程中，可能会受到循环载荷的作用，导致材料的疲劳损伤。在评估材料的抗疲劳性能时，需要考虑以下几个方面：

（1）材料的韧性

材料的韧性越好，其抵抗疲劳损伤的能力越强。人们通常通过材料的拉伸强度、冲击韧性等指标来评估其韧性。

（2）材料的硬度

材料的硬度越高，其耐磨性越好，但其韧性可能较差。因此，在评估材料的抗疲劳性能时需要综合考虑硬度和韧性之间的关系。

（3）微观缺陷

材料中的微观缺陷（如孔洞、裂纹等）会降低其抗疲劳性能。因此，在评估材料的抗疲劳性能时需要考虑这些微观缺陷的大小、分布等因素。

（4）加载频率和应力水平

加载频率和应力水平都会对材料的抗疲劳性能产生影响。通常，加载频率越高，材料的疲劳寿命越短；应力水平越高，材料的疲劳损伤越严重。

四、耐久性预测模型

耐久性预测模型是评估地基基础耐久性的重要工具，它可以帮助我们预测地基基础在不同环境条件下的使用寿命。下面两种模型是当前常用的耐久性预测模型：

（一）寿命预测模型

寿命预测模型主要基于材料力学和统计学原理，通过对地基基础的材料特性、环境条件以及载荷作用等因素的分析，来预测地基基础的使用寿命。这种模型通常需要大量的实验数据作为支持，通过建立数学模型来描述地基基础的耐久性变化规律。在实际应用中，寿命预测模型可以帮助我们确定地基基础的维护周期，从而确保地基基础的安全和稳定。

（二）损伤累积模型

损伤累积模型是另一种常用的耐久性预测模型，它主要基于疲劳力学原理。地基基础的耐久性损伤是一个累积过程，即在反复的载荷作用下，地基基础的损伤会逐渐累积，当损伤达到一定程度时，地基基础的耐久性就会下降。通过损伤累积模型，我们可以预测在特定的环境条件和载荷作用下，地基基础的耐久性。

这两种耐久性预测模型都是目前地基基础耐久性评估中的重要工具。通过合理选择和应用这两种模型，工程师可以更准确地评估地基基础的耐久性，从而为地基基础的设计、施工和维护提供科学依据。

五、地基基础耐久性评估的难点

（一）环境因素的复杂性与不确定性

对于地基基础的耐久性，环境因素的影响不可忽视。地基基础所处的环境复杂多变，包括气候条件、地下水、土壤性质等多种因素，这些因素的变化对地基基础的耐久性有着直接的影响。例如，温湿度变化导致的材料膨胀收缩，地下水中的化学成分对材料的腐蚀作用，以及土壤中的微生物活动等，都会对地基基础的耐久性造成影响。而且这些环境因素往往是多变且不确定的，难以用精确的模型进行预测，这就给地基基础的耐久性评估带来了挑战。

（二）材料长期性能的不确定性

在地基基础材料长期使用的过程中，其性能会随着时间的推移而发生变化。这种变化可能是由材料自身的老化、环境因素的持续作用等多种原因引起的。例如，混凝土在初期可能由于收缩、徐变等出现裂缝，而在长期使用过程中，还会受到碳化、碱骨料反应等化学作用的影响，这些都会降低材料的力学性能和耐久性。然而，目前对材料长期性能的预测仍存在很大的不确定性，缺乏系统的研究和充分的实验数据支持，这是地基基础的耐久性评估面临的一个重大难题。

（三）多尺度问题

地基基础的耐久性评估是一个涉及从微观到宏观多个尺度的复杂问题。在微观尺度上，需要考虑材料内部的微裂纹发展、孔隙结构变化等；而在宏观尺度上，则需要关注整个地基结构的稳定性、承载能力等。目前，虽然计算力学、材料科学等领域的研究为多尺度模拟提供了可能，但在实际应用中，如何准确地耦合不同尺度之间的相互作用，仍是一个尚未解决的问题。此外，多尺度问题的研究还需要大量的计算资源和实验支持，这在当前条件下还难以满足。因此，如何有效地处理多尺度问题，也是地基基础耐久性评估中需要面对的重大挑战。

第五章　地基基础加固常用技术

第一节　微型桩加固技术

一、微型桩加固技术概述

（一）微型桩加固技术的定义与特点

微型桩加固技术是一种用于提高土体或岩石的承载能力和稳定性的工程方法。它主要是通过在土体或岩石中打入一定数量的微型桩，达到加固的目的。微型桩通常直径较小，长度较短，可以灵活地适应不同的地质条件和工程需求。

微型桩加固技术由于设计尺寸较小、施工设备简单，通常只需小型钻机和搅拌设备，因此施工较为便捷。它能在狭小的空间内进行操作，如在已有建筑物内或有邻近结构的地方，这大大降低了施工难度和复杂性。

与传统的加固技术相比，微型桩加固技术对周围环境的影响较小。它不需要大面积的施工面，减少了土壤开挖和堆放，因此减少了噪声、粉尘和交通干扰等对周围环境的负面影响。同时，微型桩施工通常不需要使用大型模板和支撑结构，减少了材料消耗和废料产生。

微型桩加固技术的一个显著特点是，尽管桩径较小，但其通过深层搅拌或其他加固方式形成的桩身具有很高的承载能力。这得益于桩身与周围土体的相互作用，以及桩身内部的钢筋或预应力加固。因此，微型桩能够支撑较大的载荷，适用于各种建筑物的加固需求。

微型桩加固技术的施工设备简单、操作流程较为标准化，因而施工速度相对较快。此外，微型桩加固技术在工程中的应用非常灵活，可以不干扰既有建筑的正常使用，且整体施工周期较短。

（二）微型桩加固技术的发展历程

自 20 世纪 80 年代以来，微型桩加固技术在土木工程领域得到了广泛的应用和发展。早期的微型桩加固技术主要应用于建筑基础加固和路基加固等领域，随着技术的不断进步，微型桩加固技术的应用范围逐渐扩大到隧道工程、边坡治理、基坑支护等领域。

目前，微型桩加固技术已经在国内外得到了广泛的应用，成为土木工程领域中一种重要的加固技术。在一些大型工程中，如高层建筑、桥梁、隧道等，微型桩加固技术被广泛采用，取得了良好的加固效果。

（三）微型桩加固技术的适用范围与限制条件

微型桩加固技术作为一种新型加固技术，在各种工程中都有广泛的应用。在软弱土层中，微型桩可以通过桩身与土体的摩擦力和桩尖的端阻力，有效地将载荷传递到深处较稳定的土层或岩石层，从而提高土体的承载力和稳定性。在岩石工程中，微型桩可以穿过松散破碎的岩层，到达稳定的岩层，通过桩身与岩石的摩擦力和桩尖的端阻力，提高岩层的稳定性和承载力。对于老旧建筑或地基不稳定的建筑，可以将桩体打入原有基础下方的稳定土层或岩石层，通过桩身与土体的摩擦力和桩尖的端阻力，提高建筑的基础承载力和稳定性。在道路工程中，微型桩可以用于加固路基，提高路基的承载力和稳定性，防止路基沉降和变形。特别是在软土地基上修建道路，微型桩加固技术可以有效地提高路基的稳定性。

微型桩的加固效果受到地质条件的影响。不同的土体性质和桩的入土条件会对微型桩的加固效果产生影响。例如，松散土层可能需要更深的打入深度来保证桩的稳定性，而密实土层可能需要特殊的施工工艺来确保桩的承载力。因此，在进行微型桩加固设计时，需要充分考虑地质条件，以确保微型桩的加固效果。微型桩施工需要一定的设备支持，如钻机、打桩机等。施工设备的选用应根据工程实际情况进行，以确保施工的顺利进行。不同的设备具有不同的施工能力和效率，选择合适的设备可以提高施工质量，降低施工成本。因此，在进行微型桩加固设计时，需要考虑施工设备的选用，以确保施工的顺利进行。微型桩的加固效果与施工质量密切相关，桩的打入深度、桩的垂直度等因素都会影响微型桩的承载力和稳定性。因此，在施工过程中需要严格控制施工质量，确保桩的打入深度和垂直度符合设计要求。此外，还需要注意施工过程中的安全问题，确保施工人员的安全。

二、微型桩加固技术原理

微型桩加固技术主要通过桩体与周围土体的相互作用来提高地基承载力和减小沉降。将微型桩打入土体，可以形成坚固的承载层，从而提高地基基础承载力。桩身通常选用高强度材料，如预应力混凝土，使桩体本身具有较高的承载能力。在微型桩施工过程中，桩周土体受到挤压和搅拌，使得土体的物理力学性质得到改善，从而增强桩周土体的承载力和抗变形能力。微型桩与桩周土体之间会发生相互作用，从而形成一个复合地基。桩体承担大部分载荷，并将载荷传递至深层土体，而桩周土体则对桩体产生摩阻力，二者共同工作，提高整体承载力。

微型桩与桩周土体的相互作用是加固的关键。当上部结构载荷作用于微型桩时，桩身将载荷通过桩身轴向压力和侧摩阻力传递至桩周土体和桩端持力层。在桩的打入或钻进过程中，桩周土体会产生压缩和剪切变形，这种变形随着桩的深入而增大，直至达到土体的极限强度。桩身与桩周土体之间产生的摩阻力，是微型桩承担载荷的重要因素。摩阻力的大小取决于土体的性质、桩身表面特性及桩与土体的相互作用。

微型桩加固技术的力学模型主要描述了桩、土相互作用过程中的力学行为。该模型通常包括以下几个部分：

（一）桩身承载力模型

桩身承载力模型主要研究微型桩在受力过程中的承载特性。根据桩身材料的性质和受力状态，桩身承载力模型可以分为弹性模型、塑性模型和断裂模型。弹性模型主要考虑桩身材料的弹性特性，通过弹性理论计算桩身受力情况。塑性模型主要考虑桩身材料的塑性变形，采用塑性力学方法分析桩身的承载力。断裂模型则关注桩身材料的断裂行为，研究桩身在受力过程中的断裂特性。

（二）桩周土体摩阻力模型

桩周土体摩阻力是微型桩承载力的重要组成部分，其模型研究主要涉及摩阻力的计算和分布。根据土体性质和桩身表面特性，桩周土体摩阻力模型可以分为黏聚力模型、摩擦角模型和综合模型。黏聚力模型主要考虑土体黏聚力的影响，通过黏聚力的大小来计算摩阻力。摩擦角模型关注土体摩擦角的影响，根据摩擦角计算桩周土体的摩阻力。综合模型则综合考虑黏聚力和摩擦角的影响，以更准确地描述桩周土体摩阻力的特性。

（三）复合地基承载力模型

复合地基承载力模型研究的是微型桩加固后地基的承载性能。根据微型桩与桩周土体的相互作用，复合地基承载力模型可以分为单桩模型、群桩模型和整体模型。单桩模型主要分析单个微型桩的承载力特性。群桩模型主要考虑多个微型桩之间的相互作用。整体模型则将微型桩和桩周土体视为一个整体，研究其共同承载性能。

三、微型桩加固设计

（一）一般规定

微型桩直径小、承载力高，且对施工场地条件的适应能力强，适用于场地狭小、不能使用大型设备施工的既有建筑地基基础的加固工程。在微型桩加固设计中，应结合对地基基础变形的控制条件及地基基础加固施工工况要求，选择采用不同的设计方案。

对于既有建筑地基基础的微型桩加固处理，在扩大基础或增加桩时，新基础与旧基础、新增加桩与原基础桩由于地基基础支承刚度的差异，各自所分担的载荷不同，地基反力的分布也应遵循变形协调的原则。为此，对既有建筑地基基础微型桩加固工程应按变形协调的原则进行设计计算。

验算地基软弱下卧层的承载力，可采用实体深基础法，按现行行业标准《建筑桩基技术规范》（JGJ 94—2008）的有关规定执行。地基稳定性验算可按现行国家标准《建筑地基基础设计规范》的有关规定执行。

（二）选型与布置

1.选择微型桩类型

选择微型桩类型要综合考虑不同类型的微型桩及其施工工艺对地层土质条件的适用性、地基基础加固处理对象对微型桩施工桩基的作业环境和地基附加变形的限制条件。

（1）微型灌注桩

微型灌注桩适用于各种不同的土质条件，特别是当地基土层为碎石土、强风化岩石等，采用预制桩可能难以施工时，微型灌注桩尤为合适。微型灌注桩既可以用于既有建筑地基基础加固处理，也可用于新建建筑地基基础处理，适用范围非常广泛。

（2）微型预制桩

预制桩包括预制混凝土方桩、预应力混凝土管桩、钢管桩和型钢桩等，施工方法包括静压法、打入法和植入法等。微型预制桩桩身强度高，施工质量容易得到保证，经济性较好，在既有建筑地基基础加固和新建地基处理中得到了广泛应用。

（3）注浆钢管桩

注浆钢管桩是在静压钢管桩基础上发展起来的一种微型桩。注浆钢管桩采用先沉钢管桩再封孔注浆的施工工艺。钢管桩施工方法包括静压法和植入法等。对于既有建筑地基基础加固，注浆钢管桩一般采用传统的锚杆静压法或坑式静压法沉桩。对于新建工程地基基础处理，注浆钢管桩一般采用钻机或洛阳铲成孔，然后植入钢管的沉桩方法。在注浆钢管桩封孔注浆施工时，应有足够的封孔长度，保证注浆压力的形成。注浆钢管桩具有施工灵活、质量可靠的特点，常用于新建工程的桩基或复合地基施工质量事故的处理。在基坑工程中，注浆钢管桩大量用于复合土钉墙的超前支护。

注浆钢管桩适用的土层条件和一般预制桩相同，对于碎石土、全风化岩、强风化岩等地层，还应根据现场试验结果确定其适用性。

（4）水泥土复合微型桩

在软弱地基的微型桩加固处理中，单一桩型有一定的局限性：水泥土桩的桩身强度低，而单桩承载力往往受桩身强度控制，桩周土体的强度得不到充分的发挥；微型预制桩虽然桩身材料强度高且稳定，但在软土中因土层抗剪强度低，单桩承载力较低，桩身承载力得不到充分的发挥。水泥土复合微型桩是基于水泥土桩和微型预制桩两种桩型的工艺特点而提出的一种新型微型桩，它由水泥土桩与同心植入的微型预制桩复合而成。水泥土桩的施工方法有高压喷射搅拌法、旋喷法及深层搅拌法，在水泥土桩中同心植入微型预制桩可根据工况选择静压、振动或植入的施工方法。微型预制桩可选用混凝土预制桩、混凝土管桩、钢管桩、型钢桩等。水泥土复合微型桩可以充分发挥水泥土桩桩侧摩阻力大和微型预制桩桩身材料强度高的优势，具有承载力高、沉降小、性价比高、绿色环保等特点。

水泥土复合微型桩的施工工艺特点决定了该技术适用于淤泥、淤泥质土、素填土、粉土、黏性土、砂土等土层，尤其适用于软弱土层，对于其他土质条件，在通过试验研究和取得工程经验后也可应用。

2.微型桩基桩的布置

基桩的合理布置是微型桩加固设计的重要内容。微型桩基桩布置应符合国家现行有关规范、标准的规定。在用于对既有建筑地基基础加固时，还要兼顾桩基施工空间条件、被加固建筑物对桩基施工附加变形条件的限制，符合便于桩基施工和减少对原有基础和上部结构影响的原则。

微型桩最小中心距参照现行行业标准《建筑桩基技术规范》(JGJ 94—2008)的有关规定，主要基于两个方面的限制条件确定：一是考虑群桩效应，为防止过小桩间距使桩侧摩阻力下降，为能较充分发挥基桩的承载力，对基桩最小中心距的限制条件；二是考虑成桩效应，为减少沉桩时挤土效应对邻桩的影响，对基桩最小中心距的限制条件。

水泥土复合微型桩，按承载性状分类属于摩擦桩，按施工工艺分类属于非挤土桩，其适用土层一般为饱和黏性土。参照现行行业标准《建筑桩基技术规范》的有关规定，水泥土复合微型桩的基桩最小中心距不应小于 4 倍植入桩的直径或边长；参考现行行业标准《劲性复合桩技术规程》(JGJ/T 327—2014)的有关规定，水泥土复合微型桩的基桩的最小中心距不应小于 1.5 倍外围水泥土桩直径。此外，还应综合考虑水泥土复合微型桩在地基处理或加固工程中的工况条件和设计要求，在充分发挥地基土的支承阻力的同时，避免施工时相邻的水泥土复合微型桩产生相互影响。

微型桩进入持力层深度是基于现行行业标准《建筑桩基技术规范》的有关规定而确定的。对于水泥土复合微型桩，桩端全断面进入持力层的长度应不小于水泥土桩直径的 1.5 倍；且当存在下卧层时，桩端以下持力层厚度不应小于水泥土桩直径的 3.0 倍。此规定是将水泥土植入桩视同一般混凝土桩中的构造配筋，并参照了现行行业标准《建筑桩基技术规范》中混凝土灌注桩构造配筋的有关规定。

微型灌注桩可根据需要采用竖直桩或斜桩布置,其他类型的微型桩宜采用竖直桩的布置方式。工程实践和试验研究表明,在群桩基础中,适当布置 10° 左右的斜桩,能提高群桩基础的抗压、抗拔、水平承载力,并能显著减少群桩基础的相应变形量。

锚杆静压法沉桩应对称布置在墙体的内外两侧或柱子四周;坑式静压法沉桩应避开门窗等墙体薄弱部位,布置在结构受力节点位置。总之,对于加固工程,桩位布置应尽量靠近上部载荷的合力作用点,使桩位处于刚性角以内,以减少静压沉桩时的压桩反力的弯矩作用,减少施工附加应力对既有建筑基础和上部结构的影响。

(三)作用效应和承载力计算

1.桩顶作用效应

在既有建筑基础采用微型桩加固前,群桩中基桩桩顶竖向力计算应符合现行行业标准《建筑桩基技术规范》的规定。

在既有建筑基础采用微型桩加固后,群桩中新增桩或既有桩的基桩桩顶竖向力增量应按下列规定计算:

(1)当既有建筑原基础内增加微型桩时,作用于第 i 基桩的竖向力增量:

$$N_{ik}^{'} = \frac{F_{k}^{'} + G_{k}^{'}}{n} \pm \frac{M_{xk}^{'} y_i}{\sum y_j^2} \pm \frac{M_{yk}^{'} x_i}{\sum x_j^2} \qquad (5-1)$$

(2)当既有建筑的独立基础、条形基础扩大并增加微型桩时,作用于第 i 基桩竖向力增量:

$$N_{ik}^{'} = \frac{F_{k}^{'} + G_{k}^{'} - f_{a}^{'} A_{c}}{n} \pm \frac{M_{xk}^{'} y_i}{\sum y_j^2} \pm \frac{M_{yk}^{'} x_i}{\sum x_j^2} \qquad (5-2)$$

(3)当既有建筑桩基础扩大基础并增加微型桩,新增微型桩与既有桩支承刚度不同时，作用于第 i 基桩竖向力增量：

$$N_{ik}^{'} = \lambda_{Ri} \left(\frac{F_{k}^{'} + G_{k}^{'}}{\sum\limits_{j=1}^{n} \lambda_{Rj}} \pm \frac{M_{xk}^{'} y_i}{\sum\limits_{j=1}^{n} \lambda_{Rj} y_j^2} \pm \frac{M_{yk}^{'} x_i}{\sum\limits_{j=1}^{n} \lambda_{Rj} x_j^2} \right) \qquad (5\text{-}3)$$

式中：$F_k^{'}$——载荷效应标准组合下，地基基础加固后，作用于桩基承台顶面的竖向力增量（kN）；

$G_k^{'}$——地基基础加固后，桩基承台及承台上土的自重增量标准值（kN），对稳定的地下水位以下部分应扣除水的浮力；

$f_a^{'}$——既有建筑地基经持载压实后增加的地基承载力（kPa），宜由静载试验或其他原位测试方法确定，按经验取值时，不应超过持载压实前地基承载力特征值的 25%；

$N_{ik}^{'}$——地基基础加固后，微型桩或既有桩第 i 基桩竖向力增量（kN）；

$M_{xk}^{'}$、$M_{yk}^{'}$——载荷效应标准组合下，地基基础加固后作用于承台底面通过桩群承载力合力点的 x、y 轴的力矩增量（kN·m）；

x_i、x_j、y_i、y_j——地基基础加固后，第 i、j 基桩至桩群承载力合力点的 y、x 轴线的距离（m）；

λ_{Ri}、λ_{Rj}——分别为桩群中第 i 基桩、第 j 基桩与微型桩的竖向支承刚度比，取其单桩承载力特征值与微型桩的单桩承载力特征值的比值；

A_c——地基基础加固后，原基础净面积（m²）。

2.单桩竖向承载力

当根据土的物理指标与承载力参数之间的经验关系确定微型灌注桩、微型预制桩、微型注浆钢管桩单桩竖向抗压极限承载力标准值时，应按下式计算：

$$Q_{uk} = u\sum \beta_{si}q_{sik}l_i + \beta_p q_{pk} A_p \qquad (5\text{-}4)$$

式中：Q_{uk}——单桩竖向抗压极限承载力标准值（kN）；

u——桩身周长（m）；

q_{sik}——桩侧第 i 层土的极限侧阻力标准值（kPa），如无当地经验，可按现行行业标准《建筑桩基技术规范》的有关规定取值；

q_{pk}——极限端阻力标准值（kPa），如无当地经验，可按现行行业标准《建筑桩基技术规范》的有关规定取值；

β_{si}、β_p——桩侧、桩端阻力调整系数，应按表 5-1 的规定取值；

l_i——桩周第 i 层土的厚度（m）；

A_p——桩端面积（m²），当采用空心桩时，应按现行行业标准《建筑桩基技术规范》的有关规定考虑桩端土塞效应。

表 5-1　桩侧阻力调整系数 β_{si}、桩端阻力调整系数 β_p

桩类型		β_{si}	β_p
微型灌注桩、微型注浆钢管桩	未采用二次注浆工艺	1.0	1.0
	采用二次注浆工艺　淤泥、淤泥质土	1.0～1.1	1.0
	黏性土、粉土	1.2～1.4	1.2～1.7
	中砂、粗砂、砾砂	1.3～1.6	1.6～2.3
	全风化岩、强风化岩	1.2～1.5	1.4～2.2
微型预制桩	锚杆静压法沉桩、坑式静压法沉桩	1.0	1.0
水泥土复合微型桩	外围水泥土	1.5～1.6	1.0

注：干作业钻、挖孔桩，β_p 按列表值乘以小于 1.0 的折减系数，当桩端持力层为黏性土或粉土时，折减系数取 0.6，为砂土或碎石土时，取 0.8。

在初步设计时，水泥土复合微型桩单桩竖向抗压极限承载力标准值应符合下列规定：

（1）当按桩基础设计时，植入桩的单桩竖向抗压极限承载力标准值应按下列公式计算，并取其中的较小值：

$$Q_{uk} = U\sum \beta_{si}q_{sk}l + \alpha_p q_{pk} A_p \tag{5-5}$$

$$Q_{uk} = u\xi\eta f_{cu}l + \eta f_{cu} A_p \tag{5-6}$$

式中：U——水泥土桩周长（m）；

u——同心植入的微型预制桩周长（m）；

α_p——桩端端阻力发挥系数，应按地区经验确定，当无地区经验时可取 1.0；

ξ——植入桩-水泥土界面极限侧阻力换算系数，取预制桩-水泥土界面剪切强度标准值与对应位置桩身水泥土强度标准值之比，若无当地经验，则可按表 5-2 的规定取值；

η——桩身水泥土强度折减系数，与水泥土掺入比及搅拌均匀程度有关，可取 0.55～0.70，对高喷水泥土搅拌桩取高值，对深层搅拌桩取低值；

f_{cu}——与桩身水泥土配比相同的水泥土试块（边长为 70.7 mm 的立方体)在标准养护条件下 28 d 龄期的立方体抗压强度平均值（kPa）。

表 5-2　植入桩-水泥土界面极限侧阻力换算系数 ξ

桩类型		ξ
预制混凝土桩	高强混凝土管桩	0.16
	方桩	0.19
预制钢桩	H 型钢桩	0.12
	型钢管桩	0.16
	型钢方桩	0.17

当按复合地基设计时，复合地基增强体的单桩竖向抗压极限承载力标准值可按式（5-5）计算。

3.复合桩基竖向承载力

考虑承台效应的微型桩复合基桩竖向承载力应按现行行业标准《建筑桩基技术规范》的有关规定计算。

减沉复合桩基础的竖向承载力计算应满足下列规定：

（1）天然地基承载力特征值满足率

$$\psi \geqslant \frac{f_a A}{F_k + G_k} \qquad (5\text{-}7)$$

（2）整体承载力

$$n\xi_p Q_{uk} + \xi_s f_a A_c \geqslant F_k + G_k \qquad (5\text{-}8)$$

（3）单桩载荷与承载力

$$\xi_p Q_{uk} \geqslant N_{kmax} \qquad (5\text{-}9)$$

$$N_{ik} = \frac{F_k + G_k - \xi_s f_a A_c}{n} \pm \frac{M_{xk} y_i}{\sum y_j^2} \pm \frac{M_{yk} x_i}{\sum x_j^2} \qquad (5\text{-}10)$$

式中：Q_{uk}——单桩竖向极限承载力标准值（kN）；

$\quad\quad\ F_k$——载荷效应标准组合下，作用于减沉复合桩基础顶面的竖向力（kN）；

$\quad\quad\ G_k$——减沉复合桩基承台及承台上土的自重标准值（kN），对稳定的地下水位以下部分应扣除水的浮力；

$\quad\quad\ N_{kmax}$——载荷效应标准组合下，基桩竖向力最大值（kN）；

$\quad\quad\ N_{ik}$——载荷效应标准组合下，作用于第 i 基桩的竖向力（kN）；

$\quad\quad\ \psi$——天然地基承载力特征值满足率，不小于 0.5；

$\quad\quad\ \xi_p$——单桩极限承载力利用系数，可取 0.8～0.9，当竖向载荷偏心时取小值；

$\quad\quad\ \xi_s$——天然地基承载力特征值的利用系数，按变形设计要求取值，且不大于 0.5；

f_a——修正后的地基承载力特征值（kPa）；

A——承台底面积（m²）；

A_c——承台底净面积（m²）；

n——微型桩数量。

4.复合地基承载力

在初步设计时，微型桩复合地基承载力应按下式计算：

$$f_{spk} = \lambda m \frac{R_a}{A_p} + \beta(1-m)f_{sk} \qquad (5-11)$$

式中：f_{spk}——复合地基承载力特征值（kPa）；

λ——单桩承载力发挥系数，应按地区经验取值，当无经验时，水泥土复合微型桩取 0.95～1.0，其他桩型取 0.90～0.95；

m——面积置换率，对于水泥土复合微型桩，应按水泥土外围计算增强体置换面积；

β——桩间土承载力发挥系数，应按地区经验取值，当无经验时，水泥土复合微型桩取 0.8～0.9，其他桩型取 0.90～1.0；

R_a——单桩竖向承载力特征值（kN），对水泥土复合微型桩取包括植入桩及其水泥土桩在内的复合地基增强体单桩竖向承载力特征值，在初步设计时可按计算值的一半取值；

f_{sk}——处理后桩间土地基承载力特征值（kPa），宜按静载试验确定。当无试验资料时，对非挤土成桩工艺可取天然地基承载力特征值；对挤土成桩工艺，一般黏性土可取天然地基承载力特征值，松散砂土、粉土可取天然地基承载力特征值的 1.2～1.5 倍，当原土强度低、置换率高时取大值。

5.单桩竖向抗拔极限承载力

微型桩单桩竖向抗拔极限承载力标准值的确定应符合下列规定：

（1）在初步设计时，微型灌注桩、微型预制桩、微型注浆钢管桩单桩竖向抗拔极限承载力标准值应按下式计算：

$$T_{uk} = u\sum \lambda_{1i}\beta_{si}q_{sik}l_i \tag{5-12}$$

式中：T_{uk}——单桩竖向抗拔极限承载力标准值（kN）；

λ_{1i}——地基土抗拔系数，可按表 5-3 取值。

（2）在初步设计时，水泥土复合微型桩的单桩竖向抗拔极限承载力标准值应按下列公式估算，并取其中的较小值：

$$T_{uk} = U\sum \lambda_{1i}\beta_{si}q_{ski}l \tag{5-13}$$

$$Q_{uk} = u\lambda_{2i}\xi\eta f_{cu}l \tag{5-14}$$

式中：λ_{2i}——地基土相应水泥土抗拔系数，由现场试验确定，当无试验数据时，可按表 5-3 取值。

表 5-3　地基土及其相应水泥土抗拔系数

土类	λ_{1i}	λ_{2i}
砂土	0.50～0.70	0.80～0.95
黏性土、粉土	0.70～0.80	0.70～0.90

6.单桩水平承载力

微型桩水平承载力的确定应符合现行行业标准《建筑桩基技术规范》的有关规定。对水泥土复合微型桩的单桩水平承载力计算还应符合下列规定：①桩的设计参数应按植入桩取值；②土的水平抗力系数应按水泥土桩外围地基土取值。

7.桩身受压承载力

（1）桩身材质为空心钢管、型钢的微型桩，轴心受压承载力应满足下式要求：

$$N \leqslant f'_y A_{ps} \tag{5-15}$$

式中：N——作用效应基本组合下的桩顶轴向压力设计值（N）；

f'_y——钢材抗压强度设计值（MPa）；

A_{ps}——钢管或型钢截面面积（mm²）。

（2）注浆钢管桩轴心受压正截面受压承载力应满足下列公式要求：

$$N \leqslant f_{sc} A_{ps} \tag{5-16}$$

$$f_{sc} = (1.212 + B\theta + C\theta^2)f_c \tag{5-17}$$

$$\theta = \alpha_{sc}\frac{f'_y}{f_c} \tag{5-18}$$

$$\alpha_{sc} = \frac{A_{gs}}{A_c} \tag{5-19}$$

式中：N——作用效应基本组合下的桩顶轴向压力设计值（N）；

f_{sc}——考虑套箍效应的混凝土轴心抗压强度设计值（MPa）；

A_{gs}——实心钢管混凝土面积（mm²）；

θ——钢管混凝土构件的套箍系数；

α_{sc}——钢管混凝土含钢率；

B、C——截面形状对套箍的影响系数，应按表 5-4 取值。

表 5-4 截面形状对套箍效应的影响系数取值表

截面形状	B	C
圆形	$0.176 f'_y/213 + 0.974$	$-0.104 f_c/14.4 + 0.031$
正方形	$0.131 f'_y/213 + 0.723$	$-0.070 f_c/14.4 + 0.026$

注：矩形截面应换算成等效正方形截面进行计算，等效正方形的边长为矩形截面的长短边边长乘积的平方根。

（3）水泥土复合微型桩轴心受压承载力应符合下列规定：

①当水泥土复合微型桩按桩基础设计时，桩身承载力应根据植入桩的类型，按有关规定进行计算；

②当水泥土复合微型桩按复合地基设计时，水泥土复合微型桩桩身承载力应满足下式要求：

$$N \leqslant N_{ps}\left(1+\frac{A_{cs}}{\rho A_{ps}}\right) \tag{5-20}$$

式中：N——作用效应基本组合下的水泥土复合微型桩桩顶轴向压力设计值；

N_{ps}——水泥土复合微型桩中植入微型桩轴心受压承载力设计值，应按植入桩的类型参照有关规定执行；

A_{cs}——植入微型桩段水泥土净截面面积（mm²）；

A_{ps}——植入微型桩的桩身截面面积（mm²）；

ρ——轴心受压的水泥土复合微型桩截面上植入的微型预制桩与桩周水泥土的应力比，宜取植入桩与水泥土的弹性模量比。

（4）微型桩轴心受压正截面受压承载力计算，在不考虑桩身压屈时，取稳定系数 $\varphi=1.0$。对于高承台基桩、桩身穿越可液化土或不排水抗剪强度小于 10 kPa（或地基承载力特征值小于 25 kPa）的软弱土层的基桩，应考虑压屈影响，将桩身轴心受压正截面受压承载力计算值乘以稳定系数 φ 折减，其轴心受压稳定系数 φ 应按下列规定执行：

①混凝土桩、钢桩的稳定系数 φ 应按现行行业标准《建筑桩基技术规范》的有关规定确定。

②注浆钢管桩的稳定系数 φ 应按现行国家标准《钢管混凝土结构技术规范》（GB 50936—2014）的有关规定计算。

③水泥土复合微型桩中植入桩的稳定系数 φ 取 1.0。

（四）地基变形计算

建筑地基基础加固处理后的地基变形包括沉降量、沉降差、局部倾斜等的允许值应符合现行国家标准《建筑与市政地基基础通用规范》（GB 55003—2021）、《建筑地基基础设计规范》的有关规定；对有特殊要求的保护性建筑，地基变形允许值应根据建筑物的保护要求确定。在初步设计时，如地基变形验算值超出上述规定，则应调整微型桩设计参数或桩数，直到地基变形验算值符合规定为止。

对既有建筑进行地基基础加固，现行行业标准《既有建筑地基基础加固技术规范》规定了既有桩基、新增桩基和地基土对新增载荷的分配原则。现行行业标准《建筑桩基技术规范》规定了不同布桩条件下桩基沉降的计算方法：

（1）在既有建筑原基础内新增加桩时，新增加载荷全部由桩基承担。桩端平面以下地基中附加应力分布应按实体深基础法或明德林解计算。

（2）当既有建筑的独立基础、条形基础扩大并增加微型桩时，按既有建筑原地基增加的承载力承担部分新增载荷，其余新增加的载荷由微型桩承担，此时地基土承担部分新增载荷的基础面积应按原基础面积计算。在桩端平面以下地基中，由承台底地基土新增载荷产生的附加应力应按布辛奈斯克解计算，由基桩引起的附加应力应按明德林解计算。

在既有建筑桩基础扩大基础并增加桩时，按新增加的载荷由原基础桩和新增加桩共同承担进行承载力计算。在桩端平面以下地基中，由基桩引起的附加应力应按明德林解计算。

（五）承台设计

承台的受弯承载力、受剪承载力、受冲切承载力和局部受压承载力计算，应符合现行国家标准《建筑与市政地基基础通用规范》《建筑地基基础设计规范》的规定。对既有建筑基础应进行强度验算，当强度不足时，应对基础采取植筋和加厚等必要的加固措施。对于锚杆静压法沉桩，宜采用地脚螺栓作为锚固筋，锚固筋的锚固长度应符合现行国家标准《混凝土结构设计规范》（GB 50010—2010）的有关规定，锚固筋的强度也应符合要求。

（六）构造要求

1.基桩

（1）微型灌注桩

微型灌注桩的构造应符合下列规定：

微型灌注桩配筋率不宜小于 0.65%，主筋不应少于 3 根，钢筋直径不应小于 12 mm，且宜通长配筋。

微型灌注桩箍筋应采用螺旋式，直径不应小于 6 mm，箍筋间距宜为 100～200 mm。受水平载荷较大的桩基、承受水平地震作用的桩基以及考虑主筋作用计算桩身受压承载力时，桩顶至以下 10 d（d 为微型桩直径）范围内的箍筋应加密，间距不应大于 100 mm。

桩身混凝土强度等级不应低于 C25，主筋的混凝土保护层厚度不应小于 35 mm，水下灌注桩的主筋混凝土保护层厚度不得小于 50 mm。

（2）微型注浆钢管桩

微型注浆钢管桩的构造应符合下列规定：

桩的截面参数应经计算确定，钢管壁厚不应小于 3 mm。水泥浆、水泥砂浆强度不应低于 30 MPa。

钢管水泥浆、水泥砂浆保护层厚度不应小于 35 mm。

桩的连接应采用套管焊接，焊接材料及焊接强度应符合现行国家标准《钢结构通用规范》（GB 55006—2021）、《钢管混凝土结构技术规范》（GB 50936—2014）的有关规定。

（3）微型预制桩

微型预制桩的构造应符合下列规定：

预制桩体可采用边长为 150～300 mm 的预制混凝土方桩，直径 300 mm 的预应力混凝土管桩，截面尺寸为 150～300 mm 的型钢桩、钢管桩。

混凝土预制桩的桩身配筋率应按吊运、沉桩及桩在使用中的受力等条件计算确定。当采用静压法或植入法沉桩时，桩的最小配筋率不宜小于 0.65%；当采用锤击法沉桩时，桩的最小配筋率不宜小于 0.8%。主筋直径不宜小于 14 mm。

混凝土预制桩桩身混凝土强度等级不应低于 C30，钢筋保护层厚度不应小于 30 mm。

钢管桩、型钢桩桩身材料的耐久性应符合现行国家标准《工业建筑防腐蚀设计标准》（GB/T 50046—2018）的有关规定。

当既有建筑桩由一根首节桩和多根中间节桩组成时，混凝土预制桩的桩节长度由既有建筑物底层净高和压桩架高度确定，每节长度宜为 2～3 m；当需要对单节桩计算吊运弯矩和拉力时，动力系数应取 1.5。

预制桩桩体上下节拼接宜采用焊接或机械连接，接头质量应符合现行行业标准《建筑桩基技术规范》的有关规定。

（4）水泥土复合微型桩

水泥土复合微型桩的构造应符合下列规定：

桩身水泥土强度不应小于 1.5 MPa；植入桩的截面尺寸不宜小于 150 mm，长度宜为水泥土桩长度的 0.67～1.0 倍。

水泥土桩直径与植入桩的直径或其外接圆直径之差不宜小于 150 mm，且水泥土桩直径与植入桩的直径或边长之比不宜大于 3.0。当植入桩的材质为混凝土时，桩身混凝土强度等级不宜低于 C40。

2.承台

对于既有建筑扩大基础在新增承台内布置微型桩的情况，新增承台构造应符合现行行业标准《既有建筑地基基础加固技术规范》的有关规定。

对于既有建筑在原基础承台内增加微型桩的情况，原基础承台应符合下列规定：

桩孔边缘距承台边缘的距离不应小于 300 mm。桩孔的截面形状，对于抗压桩可做成上小下大的截头锥形，对于抗拔桩可做成上大下小的截头锥形。

桩基承台所用混凝土的强度等级不应低于 C25，桩基承台最小厚度不宜小于 400 mm。当原基础厚度小于 350 mm 或有抗震、抗拔等特殊构造要求时，应在桩孔以上设置桩帽梁加固。

桩帽梁高度不应小于 150 mm，在浇筑桩孔混凝土时浇筑，上部交叉配置 2 根 U 型钢筋并锚固于原承台，钢筋直径不应小于 16 mm。

浇筑桩孔应采用早强微膨胀混凝土，混凝土强度等级不应低于原承台基础混凝土强度等级，且不应低于 C30。

对有防水要求的底板，在封桩时应采取必要的防水措施。微型桩桩顶嵌入承台的长度宜为 50～100 mm。钢筋混凝土桩与承台的连接主筋直径和数量同桩的纵向主筋；钢管桩、注浆钢管桩与承台连接的桩顶主筋直径和数量由计算确定。

对于锚杆静压法沉桩，锚杆直径应根据压桩力大小由计算确定，可采用螺纹锚杆、端头带镦粗锚杆和带爪肢锚杆。锚杆在锚孔内的胶黏剂可采用植筋胶、环氧砂浆或硫黄胶泥等。锚杆与承台边缘的距离不应小于 200 mm，与压桩孔边缘的距离不应小于 150 mm，与周围结构的距离应满足施工要求且不小于 100 mm。锚杆露出承台顶面的长度应满足压桩机具要求，且不应小于 120 mm。

3. 垫层

当微型桩按复合地基设计时，宜在基础和复合地基之间设置垫层，垫层宜采用中砂、粗砂、级配砂石或碎石等，最大砂石粒径不宜大于 20 mm。

垫层的设置范围宜大于基础范围，每边超出基础外缘的宽度宜为 200～300 mm。垫层厚度宜设置为 100～300 mm，且不应大于增加微型桩桩身直径或边长的 0.5 倍。

第二节　水泥土复合微型桩技术

一、水泥土复合微型桩技术概述

（一）水泥土复合微型桩技术的特点

水泥土复合微型桩技术是一种新型的地基加固方法。它主要是通过将水泥土与微型桩相结合，形成一种具有较高承载能力和良好变形性能的复合地基。

水泥土复合微型桩具有水泥土的硬化作用和微型桩的抗拔能力，因此承载能力较强，能够有效地分担和传递上部结构的载荷。水泥土复合微型桩能够适应地基的变形，具有良好的弹性模量和抗剪切性能，能够有效地减少地基的沉降和侧向变形。水泥土复合微型桩的施工工艺较为简单，不需要大型施工设备，能够在较短的时间内完成施工，缩短施工周期，节省施工成本。水泥土复合微型桩技术采用水泥和土这两种常见的建筑材料，不会对环境造成污染，同时能够有效地利用废弃土资源，实现资源的循环利用。

（二）水泥土复合微型桩技术的发展历程

自 20 世纪 90 年代以来，水泥土复合微型桩技术在我国得到了广泛的研究和应用。起初，该技术主要用于建筑物的地基基础加固，随着研究的深入和技术的不断发展，其应用范围逐渐扩大到桥梁、道路、港口等工程领域。

目前，水泥土复合微型桩技术已经在我国许多城市的高层建筑、桥梁和道路工程中得到了广泛的应用，取得了显著的加固效果。同时，该技术也在我国的城市更新、旧城改造和地质灾害防治等领域发挥出重要作用。

（三）水泥土复合微型桩技术的适用范围与限制条件

水泥土复合微型桩技术的适用范围较广，既适用于地基基础承载能力较低、变形性能较差的软弱地基基础加固，也适用于承受较大载荷的结构，如高层建筑、大型桥梁等。由于不需要大型施工设备，水泥土复合微型桩技术还适用于施工空间受限的地区。

水泥土复合微型桩技术主要通过水泥土的固化作用来增强地基基础承载力。因此，对于地下水位较高、地质条件复杂的地区，由于地下水的影响，水泥土的固化效果可能受到影响，导致技术效果大打折扣。在这种情况下，该技术不宜使用。

水泥土复合微型桩的施工通常需要较为专业的设备和一定的施工空间。在施工条件较差，如空间狭小、地下管线密集等地段，施工难度和风险都会显著增加，可能导致该技术的应用受到限制。

虽然水泥土复合微型桩在一定程度上可以提高地基基础承载力，但对于承载力要求较高的工程，单纯依赖这一技术可能无法满足设计要求。此时，可能需要结合其他加固方法，如预应力锚杆、地基托换等，以满足工程所需的承载力要求。

水泥土复合微型桩技术有其适用范围和优势，但也有明显的限制。在实际工程应用中，需要根据具体的地质条件、施工环境和工程需求，综合评估其适用性。

二、水泥土复合材料的性能

（一）水泥土复合材料的配比与制备

水泥土复合材料是由水泥和土混合而成的，其配比和制备过程对其性能有着重要影响。在通常情况下，水泥土复合材料的配比需要根据具体的工程要求和土壤特性进行调整。配比的主要参数包括水泥的掺量、土的类型和粒径分布、水的含量等。

在制备过程中，首先需要将水泥与土进行混合，并搅拌均匀，再将混合后的材料压实，以提高其密实度和强度。在压实过程中，可以通过控制压实程度来调整水泥土复合材料的性能。此外，还可以通过添加一些外加剂来改善水泥土复合材料的性能，如减水剂、早强剂等。

（二）复合材料的物理力学性能

水泥土复合材料的物理力学性能是其重要的性能指标之一，主要包括密度、强度、变形特性等。

密度是衡量水泥土复合材料质量的重要指标，通常采用单位体积质量来表示。水泥土复合材料的密度受水泥掺量、土的类型和粒径分布等因素的影响。

强度是水泥土复合材料的重要性能指标，包括抗压强度、抗拉强度等。水泥掺量和土的类型对水泥土复合材料的强度有显著影响。一般来说，水泥掺量越高，复合材料的强度越高。

变形特性是衡量水泥土复合材料变形能力的重要指标，包括弹性模量、泊松比等。水泥土复合材料的变形特性受水泥掺量、土的类型和粒径分布等因素的影响。

（三）复合材料的耐久性与环境适应性

水泥土复合材料的耐久性和环境适应性是其关键性能指标。耐久性包括抗渗性、抗碳化性、抗冻性等，这些性能指标决定了水泥土复合材料的使用寿命。环境适应性包括对不同气候条件、土壤环境的适应能力，如耐腐蚀性、耐盐碱性等。

水泥土复合材料的耐久性和环境适应性受多种因素影响，包括水泥掺量、土的类型和粒径分布、外加剂的使用等。因此，在实际工程应用中，要根据具体的工程要求和环境条件，合理选择和调整水泥土复合材料的配比和制备工艺，以提高其耐久性和环境适应性。

三、水泥土复合微型桩的设计

（一）设计原则

1.安全性原则

在设计水泥土复合微型桩时，首先要确保其结构在设计使用寿命内安全可靠。这意味着水泥土复合微型桩必须能承受各种预期和意外载荷，包括自重、地下水压力、土压力、动态载荷等。为了实现这一目标，要对桩的受力性能进行详细分析，并采用合适的材料和结构设计，以确保桩在各种工况下的安全性。

2.经济性原则

在满足结构安全和功能需求的前提下，设计水泥土复合微型桩时应力求降低成本，提高经济效益。这可以通过优化设计方案、选择合适的施工工艺和材料、缩短施工周期等方式实现。经济性原则要求设计者在保证安全性和功能性的基础上，寻求最经济的设计方案。

3.环境适应性原则

水泥土复合微型桩的设计应考虑地质条件、气候环境等因素，确保设计方案与周围环境相适应。不同的地质条件对水泥土复合微型桩的承载能力和稳定性有很大影响，因此需要对地质情况进行详细调查和分析。此外，气候环境因素如温度、湿度、降水等也会影响水泥土复合微型桩的性能，特别是在长期使用过程中。因此，设计者应充分考虑这些因素，以确保水泥土复合微型桩在特定环境下的适应性。

4.施工工艺可行性原则

在设计水泥土复合微型桩时，设计者应考虑施工工艺的可行性，确保施工顺利进行。这要求设计者熟悉各种施工工艺的特点和适用范围，并根据实际情况选择合适的施工工艺。同时，设计者还应考虑施工过程中的安全、环保和质量控制等问题，以确保施工过程顺利进行。

（二）考虑因素

在水泥土复合微型桩的设计过程中，需要充分考虑以下几个因素，以确保桩基设计的合理性、安全性和经济性：

1.地质条件

在设计水泥土复合微型桩时，首先要对地质条件进行详细的调查和分析。了解土层的分布、性质、厚度和变化规律，这对于确定桩的长度和直径至关重要。此外，还要关注地质构造、地下洞穴、岩石裂隙等因素，以评估其对桩基的影响。

2.载荷特性

在设计时应充分考虑载荷的类型与大小，包括永久载荷、可变载荷和偶然载荷。永久载荷主要包括建筑自重、土体压力等；可变载荷包括活载、风载、雪载等；偶然载荷包括地震、爆炸等极端情况。在设计时应根据载荷特性，合理确定桩的数量、长度和直径。

3.结构类型与尺寸

建筑物的用途、规模、高度和基础形式等结构类型与尺寸因素，对水泥土复合微型桩设计具有重要影响。例如，高层建筑需要更深的桩基以保证稳定性。不同类型的基础（如扩展基础、浅埋基础、深埋基础等）对桩的设计也有不同要求。

4.施工条件

施工条件是影响水泥土复合微型桩设计的重要因素。在设计时需要考虑施工设备、技术水平和施工环境等条件。例如，施工现场的空间限制、施工期的气候条件、施工过程中的质量控制等，都需要在设计中予以充分考虑。

5.环境因素

地下水、温度、湿度、化学腐蚀等环境因素对桩基的长期稳定性有很大影响。因此，在设计过程中，要充分考虑这些因素，采取相应的措施以防止桩基被腐蚀和破坏，如采用耐腐蚀材料、设置防护层等。

水泥土复合微型桩的设计需要遵循一定的设计原则，并充分考虑地质条件、载荷特性、结构类型与尺寸、施工条件以及环境等因素。只有这样，才能确保水泥土复合微型桩设计的合理性和安全性，为我国建筑事业的发展奠定坚实的基础。

（三）桩身结构设计

桩身结构设计包括以下内容：

1.桩身材料选择

在水泥土复合微型桩的设计中，桩身材料的选择至关重要，应选择具有较高强度和良好耐久性的混凝土和水泥土材料。在通常情况下，可以采用强度等级为 C30 的混凝土，并加入适量的钢筋以提高桩身的承载能力。在选用水泥土材料时，应注重其水稳性和抗渗性，以确保桩身的稳定性和耐久性。

2.桩身尺寸确定

桩身尺寸主要包括桩的直径、壁厚和桩长等。这些尺寸需要依据设计原则和计算结果确定。桩的直径应根据工程地质条件、承载力要求以及施工条件等因素综合确定。在一般情况下，桩的直径为 0.6 m、0.8 m 或 1.0 m 等，以满足不同的承载力需求。桩的壁厚应根据桩身材料的强度和耐久性要求确定。在通常情况下，壁厚为 0.05 m、0.075 m 或 0.1 m 等，以确保桩身的稳定性和承载能力。桩长应根据工程地质条件、承载力要求以及施工条件等因素综合确定，可采用计算得到的极限承载力对应的桩长，或者根据经验值和工程实际情况进行调整。

在确定桩身尺寸时还应考虑以下因素：

（1）载荷传递特性

水泥土复合微型桩必须能有效地将上部结构的载荷传递至地基。这要求桩身有足够的承载能力和刚度，以确保在载荷作用下不会发生过度变形或破坏。因此，在确定桩身尺寸时，要根据预期的载荷大小和地基条件来确定桩的直径和长度。桩的直径应足够大，以提供足够的截面面积来承受载荷；桩应足够长，以确保载荷能有效地传递到地基。

（2）经济性

在满足结构安全的前提下，应优化桩身尺寸以降低成本。桩身尺寸的确定要权衡成本和效益：桩身尺寸过大，虽然可以提供更高的承载能力和刚度，但会增加材料和施工成本；桩身尺寸过小，虽然可以降低成本，但可能导致桩的承载能力和刚度不足，影响结构的安全性和可靠性。因此，在确定桩身尺寸时，要在满足结构安全和功能要求的前提下，尽量优化尺寸，以实现成本效益最大化。

（3）施工条件

桩身尺寸的确定还需要考虑施工现场的具体条件，包括施工设备的能力和施工人员的操作技术水平。如果施工设备的能力有限，那么桩身尺寸应适当减小，以适应设备的能力；如果施工人员的操作技术水平较高，那么可以考虑设计较大尺寸的桩，以提高施工效率和质量。同时，桩身尺寸的确定还应考虑施工过程中的可操作性和便利性，避免因尺寸过大或过小而给施工带来困难和不便。

通过确定合理的桩身尺寸，可以确保水泥土复合微型桩具有足够的承载能力和刚度，同时实现经济效益和施工便利性的平衡。

3.桩身结构形式选择

桩身结构形式主要包括桩身的横截面形状和桩的连接方式等。

（1）桩身的横截面形状

水泥土复合微型桩桩身的横截面可采用圆形、方形或矩形等。圆形桩具有较好的受力性能和施工稳定性；方形或矩形桩则具有较大的截面面积，有利于提高桩的承载能力。

（2）桩的连接方式

水泥土复合微型桩的连接方式包括焊接、螺纹连接及法兰连接等。焊接具有较高的连接强度，螺纹连接和法兰连接则具有较好的施工便利性。在设计时，应根据工程实际情况和施工条件选择合适的连接方式。

（四）水泥土复合微型桩的性能要求

1.力学性能

水泥土复合微型桩的力学性能是评价其能否满足结构设计要求的重要指标，主要包括抗压强度、抗拉强度、抗剪强度、弹性模量等。在设计时，应根据工程地质条件、承载力要求、施工条件等因素，通过相关试验确定这些性能指标的具体要求。例如，水泥土复合微型桩应满足设计要求的承载力，确保在施工和在使用过程中不会出现破坏。虽然水泥土复合微型桩在正常使用中抗拉需求不高，但在某些地质条件下或施工过程中可能会受到拉伸作用，因此也需考虑其抗拉强度。在土体中，水泥土复合微型桩可能会受到土体的剪切力，特别是在软土层中，因此其须具备一定的抗剪强度。弹性模量的大小会直接影响桩基的沉降特性，因此也不能忽视。

2.耐久性

耐久性是指水泥土复合微型桩在使用寿命内能够抵抗各种环境及化学作用的能力，主要包括抗渗性、抗腐蚀性、抗碳化性等。良好的抗渗性能可以防止水分和有害物质渗透到桩体内部，延长桩的使用寿命。针对不同土壤环境，如盐渍土、酸性土壤等，水泥土复合微型桩应具有相应的抗腐蚀能力。水泥土复合微型桩应能抵抗二氧化碳的碳化作用，防止桩体的强度降低。

3.工作性能

工作性能是指水泥土复合微型桩在施工过程中和施工后的施工性能和适应性，主要包括和易性、可操作性、凝结时间等。在施工过程中，桩料应具有良好的和易性，便于搅拌均匀，确保桩体的质量。桩料应便于施工人员操作，以提高施工效率。水泥土桩的凝结时间应与施工进度相匹配，确保在需要的时间内硬化成型。

四、水泥土复合微型桩的施工

（一）施工前的准备工作

在施工前，首先要进行现场勘查，了解地质、地形、水文等情况，为设计提供依据。其次，要根据设计图纸，进行施工放样，确定桩位。最后，要准备施工所需的机械设备、材料等。此外，还要对施工人员进行技术培训和安全教育，确保施工顺利进行。

（二）复合材料的搅拌与注浆

在搅拌过程中，要控制好水泥、沙、石子等材料的配比以及搅拌时间，确保复合材料的质量。注浆是将搅拌好的复合材料，通过注浆泵注入微型桩的桩孔。在注浆时，要控制好压力和流量，确保桩体密实。

（三）水泥土复合微型桩成桩

水泥土复合微型桩成桩主要包括桩孔的挖掘、钢筋的加工与安装、混凝土的浇筑等。在挖掘桩孔时，要保证孔位的准确性和孔径的大小，以满足设计要求。钢筋加工与安装要严格按照设计图纸进行，确保钢筋的焊接质量和锚固长度。混凝土浇筑要采用泵送混凝土，确保混凝土的均匀性和密实性。

（四）质量控制与安全保障

在施工过程中，要定期对施工质量进行检查，确保施工质量符合设计要求。同时，要加强施工现场的安全管理，制定安全事故应急预案，确保施工人员的人身安全。此外，还要注意施工过程中的环境保护，减少对环境的影响。

五、水泥土复合微型桩技术的优化

水泥土复合微型桩技术在我国的应用已经相当广泛，但在实践过程中，也暴露出一些问题。首先，传统的水泥土复合微型桩在施工过程中易出现不均匀沉降，导致地基处理效果不佳。其次，由于水泥土复合微型桩的承载力有限，对于一些载荷要求较高的工程，其加固效果难以满足需求。此外，传统的水泥土复合微型桩施工工艺在施工速度和施工质量上也存在一定的局限性，影响了工程的整体进度和质量。

对此，可以采取以下优化措施：研究和应用新型材料，如改性水泥土、高强度水泥土等，以提高桩体的承载力和耐久性；改进桩体设计，如采用变截面桩、加筋桩等，提高桩体的承载力和抗变形能力；研究和应用先进的施工工艺，如旋喷桩、振动沉桩等，提高施工速度和质量；引入先进的施工管理方法和设备，提高施工效率和质量控制水平。

第三节　扩大基础增加微型桩加固技术

一、扩大基础增加微型桩加固技术概述

（一）扩大基础增加微型桩加固技术的定义

扩大基础增加微型桩加固技术是一种针对既有建筑物地基基础不均匀沉

降、承载力不足等问题的加固技术。该技术通过在原基础周围钻孔，安装一定数量的微型桩，并在微型桩顶部与原基础之间设置连接件，达到提高基础承载能力、减少不均匀沉降的目的。

（二）扩大基础增加微型桩加固技术的原理及特点

扩大基础增加微型桩加固技术的原理是通过新增的微型桩来分担原基础的载荷，从而提高整体基础的承载能力和稳定性。

微型桩通常采用预应力混凝土或钢管等材料，具有施工速度快、对周围环境干扰小、承载力高、变形小等特点。

（三）扩大基础增加微型桩加固技术的适用范围

扩大基础增加微型桩加固技术主要适用于以下情况：①既有建筑物基础不均匀沉降、承载力不足；②地基土质较差，需要提高基础稳定性；③建筑物使用功能改变，需要提高基础承载能力。

在以下条件下，不宜使用扩大基础增加微型桩加固技术：①建筑物基础存在严重损坏，无法通过加固达到预期效果；②地基土层中含有大量孤石、硬土层等，影响微型桩施工；③地下水位较高，可能导致施工安全问题和桩基质量问题。

二、扩大基础增加微型桩加固技术的施工

（一）施工前的准备工作

施工前的准备工作是扩大基础增加微型桩加固技术的关键一环。在这一环节，首先，要对施工场地进行详细的勘查，了解地质条件、地下管线分布情况以及周围环境的特点，为设计提供准确的基础数据；其次，要根据设计图纸，

准备相应的施工设备和材料，确保施工顺利进行；最后，还要组织施工人员参加技术培训，以提高其施工技能和安全意识。

（二）微型桩施工

微型桩施工主要包括：第一，根据设计图纸，在现场进行桩位放样，确保每根微型桩的位置准确；第二，采用相应的钻孔设备进行钻孔，孔径和孔深要符合设计要求；第三，将预先加工好的钢筋插入钻孔中，注意调整钢筋的位置和垂直度；第四，采用注浆设备将水泥浆注入钻孔，直至孔满，以确保钢筋与地基紧密结合。

（三）扩大基础施工

扩大基础施工主要包括：第一，基础开挖，即根据设计图纸，对原有基础进行开挖，开挖尺寸和深度应符合设计要求；第二，基础浇筑，即在开挖好的基础上浇筑新的混凝土基础，注意控制混凝土的配合比和浇筑质量；第三，基础养护，即对浇筑好的基础进行养护，确保混凝土强度达到设计要求。

（四）质量控制与安全保障

施工过程中的质量控制与安全保障是确保工程顺利进行的重要环节，主要内容包括：第一，加强对施工过程的监督和管理，确保施工质量符合设计要求；第二，定期对施工人员进行安全教育，提高其安全意识，防止安全事故的发生；第三，对施工设备进行定期检查和维护，确保设备正常运行；第四，加强与业主、设计单位、监理单位的沟通和协作，共同保障工程的质量和安全。

三、扩大基础增加微型桩加固技术的优化

当前，扩大基础增加微型桩加固技术在实际应用过程中，仍存在一些不足。

首先，传统微型桩施工工艺相对烦琐，施工周期较长，不利于工程进度的加快。其次，部分现有技术在处理复杂地质条件下的扩大基础问题时，效果并不理想，容易导致施工质量不稳定。最后，传统微型桩加固技术在环境保护方面还有待优化，尤其是在城市核心区域，对周围环境和居民生活的影响较大。

扩大基础增加微型桩加固技术的发展，要不断简化施工工艺，以提高施工效率，降低成本。在实际操作中，可以通过设计方案的优化、施工设备的改进以及施工流程的标准化，来实现施工工艺的简化。例如，开发适用于微型桩加固技术的专用设备，可以有效提高施工速度和质量；同时，施工流程的标准化，可以减少施工中的错误和返工，提高整体施工效率。

在复杂的地质条件下，传统的微型桩加固技术可能无法达到预期的效果。因此，技术优化的一个重要方向，就是开发能够适应复杂地质条件的新型微型桩加固技术。例如，研究开发预应力微型桩、长短组合微型桩及多功能微型桩等，这些新型微型桩能够更好地适应不同的地质条件，在复杂地质环境下仍具有较强的稳定性和可靠性。

提高环境保护水平是微型桩加固技术发展的重要方向。在施工过程中，施工人员可以通过改进施工工艺、使用环保材料、加强施工现场管理等措施，来减少施工对环境的影响。例如，使用低噪声、低排放的施工设备，可以减少施工对周围环境的干扰；合理规划施工进度，避免在敏感时段进行施工，也是提高环境保护水平的重要手段。

强化监测与检测技术，可以有效保障微型桩加固工程的安全和质量。在施工过程中，使用高精度的监测仪器，对施工过程中的各项指标进行实时监测，可以确保施工质量和安全。例如，使用无人机进行空中监测，可以全面、快速地获取施工区域的地质和环境信息，为施工提供准确的数据支持。通过建立完善的检测体系，对施工后的微型桩进行定期检测，工程师可以及时发现并解决潜在的安全隐患。

为了提升微型桩的承载能力和适应不同地质条件的能力，研发新型微型桩材料是技术革新的重要方向。例如，高强度、轻质、耐腐蚀且具有良好环境适应性的材料，如改性聚合物、碳纤维增强复合材料的应用，可以显著提高微型桩的性能，扩大其应用范围。

在设计理念上，应引入先进的结构优化理论，根据不同的地质条件和受力要求，对微型桩的形状和尺寸进行优化设计，在保证结构安全的前提下，使其更加经济和高效；还可以结合大数据和人工智能技术，根据环境数据智能设计微型桩，提升设计的针对性和实用性。

利用物联网、大数据、云计算等信息技术，可以构建智能化施工系统，实现微型桩施工的自动化、数字化和智能化。智能化施工系统可以实时监控施工过程，自动调节施工参数，确保施工质量和效率。同时，智能化施工系统还可以预测施工风险并进行预警，保障施工安全。

微型桩加固技术的优化需要学术界、产业界等的共同努力。强化产学研合作，可以促进理论研究、技术开发和工程应用的同步发展。设立联合研究项目、建立产学研合作平台等，可以加速技术创新和成果转化，推动微型桩加固技术的发展。

第四节　减沉复合微型桩基础加固技术

一、减沉复合微型桩基础加固技术概述

（一）减沉复合微型桩基础加固技术的定义

减沉复合微型桩基础加固技术是一种针对既有建筑物地基基础进行加固处理的技术。这种技术通过在既有建筑物地基中打入微型桩，再通过桩与周围土体的相互作用，达到提高地基基础承载力、减小沉降量的目的。与传统的大

型桩基加固技术相比，减沉复合微型桩基础加固技术具有施工周期短、对周边环境影响小、成本低等优点。

（二）减沉复合微型桩基础加固技术的原理及特点

减沉复合微型桩基础加固技术主要利用了微型桩与周围土体的相互作用。在微型桩打入地基后，会在土体中形成一个桩土复合体，这个复合体的承载力高于原始地基承载力，从而达到提高地基承载力的目的。同时，微型桩可以有效地传递上部结构的载荷，减小载荷对地基的直接影响，从而减小沉降量。

该技术施工周期短。由于微型桩的直径较小，施工时无须大型机械设备，从而降低了施工难度，缩短了施工周期。该技术的施工噪声低、振动小，对周边环境的干扰较小。与传统的大型桩基加固技术相比，减沉复合微型桩基础加固技术的材料消耗少，施工成本较低。该技术适用于各种类型的既有建筑物地基基础加固，特别是对软土地基和复杂地质条件的地基基础加固效果更为显著。

（三）减沉复合微型桩基础加固技术的适用范围与限制条件

减沉复合微型桩基础加固技术的适用范围较广，主要适用于以下情况：①既有建筑物的地基加固，特别是对软土地基和复杂地质条件的地基加固效果更为显著；②需要减小地基沉降量，提高地基承载力。

然而，该技术也存在一定的限制：①由于微型桩的直径较小，其承载力相对较低，因此不适用于大载荷的建筑物地基加固；②在施工过程中需要准确控制桩的长度和分布，以确保加固效果；③在复杂地质条件下，如存在地下管线、岩石层等情况，施工难度会增大，需要进行详细的地质勘查和设计。

二、技术原理及减沉复合微型桩的设计原则

（一）技术原理分析

减沉复合微型桩基础加固技术的原理如下：通过在软土地基中打入微型桩，将桩体上部结构载荷分散至周围土体中，从而减少单个桩基的承载压力，达到减小基础沉降的目的；微型桩群在土体中形成一个良好的应力传递体系，能够有效提高地基承载力和稳定性；微型桩在土体中形成锚固作用，与周围土体产生相互作用，提高土体的强度和刚度；桩与土体的相互作用可以有效约束土体的侧向变形，增强土体的整体性，降低土体的压缩性和流动性，从而达到加固土体的目的。

在减沉复合微型桩施工过程中，常采用预压方法对桩体进行预加载。预压作用能够提前将部分载荷传递至土体中，使土体提前产生变形，从而在实际加载时减小沉降。此外，预压还可以提高土体的承载力，降低土体的压缩性，进一步减小沉降。

在微型桩基础中，群桩效应是指多根桩共同工作时的相互作用。当多根桩共同承担上部结构载荷时，各桩之间会产生相互作用，使得整体承载力得到提升。群桩效应可以有效减小单桩的载荷，减小单桩的沉降，提高地基的整体稳定性。

（二）减沉复合微型桩的设计原则

在设计减沉复合微型桩时，应遵循以下原则：

1.根据载荷需求确定桩数和布置

减沉复合微型桩的设计应首先考虑基础承受的载荷大小和分布，通过计算分析确定所需的桩数和布置方式。桩的数量和布置应在满足载荷需求的同时，尽量做到经济合理、施工方便。在通常情况下，应采用对称布置或放射状布置，以提高桩基的整体承载能力。

2.选择合适的桩材料

减沉复合微型桩的材料选择应根据工程地质条件、桩基设计要求及经济性等因素综合考虑。常用的材料包括钢筋混凝土、预应力混凝土、钢桩等。不同材料的桩具有不同的承载能力、变形性能和耐久性能，在设计时应根据具体情况进行选择。

3.控制桩长和桩径

桩长和桩径是减沉复合微型桩设计中的重要参数，直接影响桩的承载能力和变形性能。桩长应根据工程地质条件、桩基设计要求及经济性等因素综合确定，桩径应根据桩的承载能力和施工条件确定。在通常情况下，桩径越大，桩的承载能力越强，但施工难度和成本也会相应增加。

4.考虑群桩效应

群桩效应是指多根桩共同工作时相互影响的现象。在减沉复合微型桩设计中，应充分考虑群桩效应，合理计算群桩的承载能力和变形性能。群桩效应的影响因素包括桩的布置方式、桩的材料性质、桩的入土深度等。在设计时应根据实际情况进行计算分析，以确保桩基的安全稳定。

5.考虑施工工艺的适应性

减沉复合微型桩的施工工艺应根据桩的材料性质、地质条件、桩基设计要求等因素进行选择。常用的施工工艺包括静压法施工、打击法施工、旋挖法施工等。施工工艺的适应性直接影响桩的质量和承载能力，在设计时应充分考虑施工工艺的特点和限制，确保桩基施工的顺利进行。

三、减沉复合微型桩基础加固技术的施工

（一）施工前的准备工作

在施工前，首先要进行详细的地质勘查，评估场地的地质条件和环境因素，

为设计提供准确的数据支持。然后，根据勘查结果，进行工程设计，确定复合微型桩的基础方案。最后，准备相应的施工设备和材料，包括桩架、钻头、泥浆、水泥、钢筋等。同时，组织施工人员接受技术培训和安全教育，确保施工顺利进行。

（二）减沉复合微型桩施工

第一，钻孔。钻孔是利用钻机将地面钻开，形成一个适合灌注混凝土的孔洞。在钻孔过程中，要保证孔洞的深度和直径符合设计要求，以确保微型桩的稳定性和承载力。此外，钻孔的位置也要精准，以避免对周围环境造成不必要的破坏。

第二，注浆。注浆是在钻孔完成后进行的。注浆材料通常是一种特殊的混凝土，它具有较高的流动性和强度。注浆就是将注浆材料通过注浆管注入孔洞中，填充孔洞内的空隙，与地层形成一个整体的复合微型桩。注浆要均匀进行，以确保桩体的整体性能。

第三，钢筋笼投放。钢筋笼投放是在注浆后进行的。钢筋笼是减沉复合微型桩的核心部分，它提供了桩的主要承载力。在投放钢筋笼时，要确保钢筋笼的位置准确，并与注浆材料紧密接触，以确保桩体的稳定性和承载力。

第四，灌注混凝土。灌注混凝土是减沉复合微型桩施工的最后一步，即在钢筋笼投放完成后，将混凝土灌注到孔洞中，填充钢筋笼与孔洞壁之间的空隙。灌注混凝土要均匀进行，以确保桩体的整体性能。在灌注过程中，要控制混凝土的流动性和坍落度，以保证混凝土的质量和强度。

（三）减沉效果的监测与控制

在施工过程中，工程师要定期进行沉降观测，以确保减沉复合微型桩的减沉效果。观测方法包括使用水准仪、铟瓦尺等传统工具，以及使用全站仪、GNSS接收机等现代测量仪器。一旦发现沉降异常，应立即分析原因，采取相应措施进行调整，如调整桩长、桩距等。

（四）质量控制与安全保障

在减沉复合微型桩基础加固技术的施工过程中，原材料的质量直接关系到整个工程的安全与效果。因此，必须对所有进场的材料进行全面检验。这包括但不限于桩身材料的强度、稳定性，以及注浆材料的凝固时间、强度等指标。检验工作应由专业的质量检测机构进行，确保每批材料均符合国家标准和设计要求。此外，还要对施工设备进行检查，保证其工作状态良好，能够满足施工需求。

施工过程中的质量控制是保证工程顺利进行的关键。这要求施工方在施工过程中，严格遵循施工图纸和技术规范，对每一个施工环节进行细致的监控。例如：在桩基钻孔过程中，要控制好孔的深度、直径和倾斜度，确保其满足设计要求；在注浆过程中，要控制好注浆的速度和压力，以及注浆材料的配比，确保浆液能够充分填充桩身和土体的空隙。

安全是施工过程中的重中之重。首先，在施工前应制定详细的安全计划和应急预案，对所有施工人员进行安全教育和培训，确保他们熟悉并遵守安全操作规程。其次，在施工现场应设置明显的安全警示标志，配备必要的安全防护设施，如安全帽、安全带、防护网等。最后，还要定期对施工现场进行安全检查，及时发现并消除安全隐患。

此外，在施工过程中，应重视对环境的保护，包括控制噪声，降低粉尘、废水等污染物的排放，以避免对周围环境和居民造成影响。例如，施工区域应配备有效的降尘设备、废水处理设施，采取符合规定的垃圾处理措施，通过这些措施，将施工对环境的影响降到最低。

四、减沉复合微型桩基础加固技术的优化与创新

（一）减沉复合微型桩基础加固技术的优化

减沉复合微型桩基础加固技术在实际应用中，虽然已经取得了一定的效果，但仍然存在一些不足。首先，传统的减沉复合微型桩基础加固技术在施工过程中，对周围环境的影响较大，容易造成地表沉降、建筑物倾斜等问题。其次，由于施工工艺和设备的限制，该技术在处理深层土体时的效果并不理想。最后，现有的技术在施工过程中，若对桩基的承载力和稳定性控制不精确，容易导致工程质量问题。

环保型施工工艺是减沉复合微型桩基础加固技术一个重要的优化方向。这包括使用绿色、可持续的施工材料和方法，减少对环境的影响。例如，可以采用生物降解材料作为桩基的一部分，以减少对环境的影响。同时，在施工过程中应尽量减少噪声，降低粉尘和其他污染物的排放，确保施工对周围环境的影响降到最低。

深层土体处理技术是减沉复合微型桩基础加固技术一个重要的优化方向。这涉及对深层土体的加固和改良，以提高其承载能力和稳定性。例如，可以采用高压喷射注浆法、冻结法或热固法等方法，对深层土体进行加固。这些方法可以有效地提高土体的强度和稳定性，从而提高桩基的承载能力。

控制桩基承载力和稳定性也是减沉复合微型桩基础加固技术另一个重要的优化方向。这可以通过精确的工程设计和施工来实现，如：采用有限元分析等先进的计算方法，对桩基的承载力和稳定性进行精确的预测和控制；同时，根据地质条件和工程需求，合理选择桩的类型、长度和布置方式，以确保桩基的稳定性和承载能力。

（二）减沉复合微型桩基础加固技术的创新

减沉复合微型桩基础加固技术环保型施工工艺的创新实现主要体现为对

环境影响的最小化，这包括使用低噪声、低振动的新型钻孔设备，减少泥浆排放的闭路循环系统，以及施工现场的废水、废渣处理和回收设施。通过这些措施，不仅减少了施工对周围环境的干扰，还减少了施工过程中废弃物的产生，实现了绿色施工。

传统的土体处理方法往往只能处理土层的表层，而深层土体处理技术的创新，使得减沉复合微型桩基础加固技术能够深入土层，对深层土体进行加固。这通常通过改进桩的设计和施工工艺来实现。例如，采用预压桩、旋喷桩等工艺，通过高压喷射、预压固化等手段，在深层土体中形成强度高、稳定性好的加固层，从而提高基础的整体承载能力。

桩基承载力和稳定性控制技术的创新，是减沉复合微型桩基础加固技术创新的核心。这通常包括对桩的设计、施工过程以及后期监测的全面优化。在设计阶段，通过引入先进的计算方法和软件，更准确地预测桩的承载力和沉降；在施工阶段，采用高精度施工设备，确保桩的位置、深度和垂直度满足设计要求；在监测阶段，使用现代化的监测技术，如物联网、大数据分析等，对桩的承载力和稳定性进行实时监控，确保其在设计范围内。

第五节　置换基础加固技术

一、置换基础加固技术概述

（一）置换基础加固技术的定义

置换基础加固技术是一种用于提高软弱地基承载力和稳定性的加固技术。该技术通过将软弱地基中的部分土体挖除，然后用具有较高强度和良好压缩性能的砂石材料进行置换，达到提高地基基础承载力和稳定性的目的。

（二）置换基础加固技术的原理及特点

置换基础加固技术的原理是通过置换软弱地基中的部分土体，增加地基的密实度和强度，从而提高地基基础的承载力和稳定性。置换基础加固技术的施工流程主要包含挖除、置换和压实三个步骤：首先，将软弱地基中的一部分土体挖除；其次，用砂石材料进行置换；最后，通过压实手段使砂石材料达到一定的密实度。这一流程相对简单，易于操作。

置换基础加固技术，可以有效提高地基基础的承载力和稳定性。这是因为砂石材料相较于软弱土体，具有更好的力学性能。因此，在置换后，地基基础的承载能力和稳定性都会得到显著提升。置换基础加固技术适用于各种土质和地形条件。无论是黏土、砂土，还是碎石土，该技术都能发挥良好的加固效果。同时，由于在施工过程中只需对局部土体进行挖除和置换，因此对周围环境的影响较小。与其他加固方法，如桩基法、地下连续墙等相比，置换基础加固技术具有较高的经济性。它能在保证加固效果的同时，降低工程成本。尤其是在软弱地基较浅、分布面积较大的情况下，置换基础加固技术的经济优势更加明显。

（三）置换基础加固技术的适用范围与限制条件

置换基础加固技术适用于各类建筑物，如住宅、办公楼、桥梁、道路、港口等工程的软弱地基加固。

置换基础加固技术的应用受到以下条件的限制：①地基深度。置换基础加固技术适用于浅层软弱地基的加固，对于深层地基，该技术的加固效果可能不如其他方法。②土质条件。置换基础加固技术适用于各种土质，但当地基中含有大量有机质、腐殖质或其他有害物质时，应谨慎使用。③地下水位。当置换基础加固技术在地下水位较高的情况下应用时，应采取措施保证施工安全和加固效果。④环境保护。在城市建设、环境保护要求较高的区域，应用置换基础加固技术应充分考虑对周围环境的影响，采取相应措施减少噪声、粉尘等污染。

（四）置换基础加固的方法

根据土体的特性和加固要求，常用的置换基础加固方法主要有以下几种：

1.砂浆置换

砂浆置换是一种常用的加固方法，主要是通过将原有的砂浆挖除，然后用新的、强度更高的砂浆进行填充。这种方法适用于一些老旧建筑的砌体结构加固。新砂浆的选择需要考虑与原结构的兼容性以及预期的加固效果。通常，新砂浆的强度等级要高于原有砂浆，以确保加固效果。

2.混凝土置换

混凝土置换是去除老旧或损坏的混凝土部分，然后用新的混凝土进行填充的加固方法。这种方法适用于混凝土梁、板、柱等构件的加固。新混凝土的配合比需要根据具体的加固要求来设计，以确保新的混凝土能够满足结构承载力和耐久性的需求。

3.钢筋混凝土置换

钢筋混凝土置换是在混凝土置换的基础上，对原有钢筋进行更换或增加的加固方法。这种方法适用于需要提高结构承载力和延性的情况。新钢筋应符合设计规范的要求，以确保结构的稳定性和安全性。

4.预压置换

预压置换是一种通过预先施加压力，使置换材料在结构内部产生预应力，从而提高结构的承载力和稳定性的加固方法。这种方法适用于一些特定类型的结构，如桥梁、大坝等。预压置换材料通常采用高强度、低松弛的钢筋或钢绞线，以及相应的锚固系统。

二、置换设计

（一）置换材料的选择

置换材料的选择是置换基础加固技术的关键环节。工程师需要根据具体的结构类型、加固要求和环境条件，选择物理力学性能、耐久性与环境适应性均满足要求的置换材料。

1.置换材料的物理力学性能

置换材料的强度是评价其性能的重要指标之一。强度包括抗压强度、抗拉强度等，这些指标直接关系到置换后基础的稳定性和耐久性。对于不同的基础类型和施工条件，应选择具有相应强度等级的材料，以确保置换后基础的承载能力和稳定性。

流动性是指置换材料在施工过程中的可塑性，这对于材料的施工便利性和充填效果至关重要。良好的流动性可以确保材料顺利地通过管道输送到需要置换的区域，并充分填充缝隙和空洞，提高置换效果。

渗透性是指置换材料对水分和其他液体的阻隔能力。在基础加固中，渗透性低的材料可以有效防止水分渗透，避免基础因水分侵蚀而出现损坏。对于处于湿润环境的基础，选择低渗透性的置换材料尤为重要。

稳定性包括化学稳定性和温度稳定性。化学稳定性是指置换材料在遇到不同化学介质时能否保持其原有性能，不发生化学反应。温度稳定性是指材料在温度变化的环境下能否保持性能稳定，不出现热膨胀或收缩导致的裂缝和损坏。材料的稳定性直接关系到基础的长期使用效果和维护成本。

在选择置换材料时，应综合考虑以上物理力学性能，确保材料在实际施工条件下的适用性和有效性，以达到加固基础的目的。

2.置换材料的耐久性与环境适应性

在选择置换材料时，必须考虑其抗腐蚀性能。这是因为基础加固材料长期暴露于地下环境中，可能会遭受各种化学物质的侵蚀，如酸雨、盐分、有机酸等。优秀的抗腐蚀性可以保证材料长期维持基础的完整性和功能。例如，高性能的聚合物或改性树脂作为置换材料，能有效抵抗常见的化学腐蚀，从而延长加固工程的使用寿命。

置换材料的抗老化性是指材料在经受长期物理、化学作用下，仍能保持其原有性能的能力。在基础加固应用中，材料可能会遭受紫外线、氧化、疲劳等因素的影响。因此，抗老化性对保证置换效果至关重要。例如，添加抗紫外线稳定剂和抗氧化剂的复合材料具有较强的抗老化性能，能够确保加固效果在长时间内不衰减。

环境适应性是指置换材料在不同环境条件下，均能保持良好性能的能力。这包括对温度、湿度、地下水等条件的适应。例如，某些聚合物材料具有很好的温度适应性，可以在宽泛的温度范围内使用，不会因温度的变化而改变性能。此外，在地下水丰富的区域，材料需要有良好的防水性能，以防止水分的侵蚀导致的结构破坏。

生态安全性是指置换材料在使用过程中，不对周围环境造成负面影响的能力。在基础加固工程中，生态安全性尤其重要，因为地下环境是生态系统的一部分，所以置换材料的选择应尽量避免对土壤、地下水及周围生物群落造成伤害。例如，使用生物可降解或环境友好的置换材料，可以在确保加固效果的同时，减少对环境的潜在威胁。

置换材料的选择必须综合考虑其耐久性和环境适应性，确保材料在长期使用中既能保持性能稳定，又不对环境造成破坏，以实现加固工程的可持续利用。

（二）置换区域的确定

置换区域的确定首先基于对原基础损坏程度的详细评估。这通常涉及现场勘察和地质钻探，以了解基础的损坏范围和程度。通过相关勘查数据，工程师可以确定哪些区域需要进行置换，以确保加固后的基础满足结构安全的要求。

基础的承载能力是决定置换区域的重要因素之一。通过对原基础的载荷试验，可以评估其当前的承载能力。若基础承载能力不足，则需要扩大置换区域，以确保加固后基础的稳定性和安全性。

周围环境对基础的稳固性也可能产生影响，如地下水、周围建筑的施工等。在确定置换区域时，需要考虑这些外部因素，并根据相关数据对置换区域进行适当调整。

确定置换区域，还要参考工程的设计要求，要考虑结构的预期载荷、使用寿命以及安全系数等因素。设计要求通常会在相关的工程图纸和技术规范中进行详细说明，是确定置换区域的重要依据。

（三）置换深度的选择

置换深度是置换基础加固技术中的一个重要参数，它直接关系到基础的承载能力和加固效果。正确地选择置换深度，可以有效地提高基础的稳定性和安全性，保证建筑物的正常使用。

1.置换深度的选择原则

在选择置换深度时，需要遵循以下原则：

（1）确保基础的稳定性和安全性

置换深度的选择应确保基础的稳定性和安全性，避免因置换深度不足而导致的基础沉降、倾斜等问题。

（2）具有经济合理性

在满足基础稳定性和安全性的前提下，应选择经济合理的置换深度。过大的置换深度会增加工程成本，而过小的置换深度则可能无法达到预期的加固效果。

（3）考虑施工条件

置换深度的选择还应考虑施工条件，如施工设备、施工技术等。选择合适的置换深度，可以提高施工效率，降低施工难度。

2.置换深度的确定

置换深度的确定需要考虑以下几个因素：

（1）基础形式和尺寸

基础的形式和尺寸是影响置换深度的重要因素。不同形式和尺寸的基础，其置换深度也有所不同。一般来说，基础的尺寸越大，置换深度也越大。

（2）土层性质

土层性质也是影响置换深度的重要因素。不同性质的土层，其置换深度也有所不同。例如，对于软弱土层，置换深度应较大，以提高基础的承载能力。

（3）建筑物用途

建筑物用途也会影响置换深度的选择。对于承载要求较高的建筑物，如大型商场、办公楼等，其置换深度应加大；而对于承载要求较低的建筑物，如住宅、学校等，其置换深度可以适当减小。

3.置换深度的计算

置换深度的计算可以根据基础形式和尺寸、土层性质、建筑物用途等因素，采用相应的计算方法进行。常见的计算方法有经验法、理论法、数值法等。

（1）经验法

经验法是根据工程实践和经验，结合基础形式和尺寸、土层性质、建筑物用途等因素，综合确定置换深度的一种方法。这种方法简单易行，但需要丰富的工程经验。

（2）理论法

理论法是根据基础力学原理，建立数学模型、计算置换深度的一种方法。这种方法计算精度较高，但计算过程较为复杂。

（3）数值法

数值法是利用计算机模拟，分析置换深度对基础承载能力的影响，从而确定置换深度的一种方法。这种方法可以考虑复杂的土层性质和建筑物用途，计算结果较为准确。

置换深度的选择需要遵循相关原则，综合考虑基础形式和尺寸、土层性质、建筑物用途等因素，并根据实际情况采用相应的计算方法对置换深度进行计算。通过合理选择置换深度，可以提高基础的承载能力，改善基础的加固效果，保证建筑物的正常使用。

三、置换基础加固技术的施工

（一）施工前的准备

施工前的准备是置换基础加固技术中至关重要的一环。在这一环节，首先，需要对置换区域进行详细的地质勘查，明确土壤性质、地下水位、障碍物等，为置换设计提供准确数据。然后，制定详细的施工方案和应急预案，确保施工过程的顺利进行。此外，还要对施工人员进行安全教育和技术培训，确保他们了解置换过程的安全规程和操作技巧。

（二）置换施工方法的选择

常见的置换施工方法有以下几种：

1.钻孔法

钻孔法是一种常用的置换施工方法：首先根据设计要求，在需要进行置换的部位进行钻孔。钻孔的大小和深度要根据置换材料的尺寸和预计的置换效果来确定。然后，通过钻孔将置换材料注入结构内部，以达到加固的目的。钻孔法可以有效地控制置换材料的分布和深度，从而实现良好的加固效果。

2.切割法

切割法也是一种常用的置换施工方法：首先通过切割工具将需要进行置换的部位切割成规则的形状和尺寸，然后将置换材料填充到切割好的空腔中。切割法可以实现对结构的精确控制，保证置换材料的填充效果。同时，该方法适用于各种形状和尺寸的结构置换。

3.喷射法

喷射法是将置换材料高速喷射到结构表面,通过喷射的力量将置换材料嵌入结构的裂缝和空隙中。这种方法适用于表面加固和修补,可以快速施工,有较高的工作效率。喷射法适用于各种类型的结构和材料,但需要注意控制喷射的压力和速度,以保证置换材料的填充效果。

4.压注法

压注法是将置换材料通过压力注送到结构内部的施工方法:首先在结构上开设注入口,然后使用专业的压注设备将置换材料注入结构内部。该方法可以实现对结构内部的精确加固,提高置换材料的分布均匀性。压注法适用于大型和复杂的结构加固,但需要注意控制压力,以防止造成结构损坏。

(三)置换施工过程中的质量控制与安全保障

施工过程中的监控主要包括对施工质量和进度的控制。质量控制需要定期检查置换材料的使用情况、施工深度、密实度等,确保符合设计要求。进度控制则需要按照施工方案,对各阶段的工作进行检查,确保施工不延误。同时,应实时关注天气变化,采取相应措施,防止自然灾害对施工造成影响。

施工后的验收是对整个置换基础加固工程的质量评估。验收应包括对置换区域的地质、地貌、结构进行全面检查,确保置换后的基础满足设计和使用要求。此外,还要对施工过程中的各项资料进行整理,包括施工记录、检测报告等,以备后续查验。

在置换基础加固施工过程中,安全措施是保障施工顺利进行的关键。首先,要确保施工现场的安全,如设立警示标志、围挡等,防止非施工人员进入。其次,要对施工设备进行定期检查和维护,确保设备安全运行。最后,还要加强对施工人员的安全教育,让他们掌握正确的安全操作规程。此外,在施工过程中,一旦发生安全事故,应立即启动应急预案,采取有效措施,将损失降到最低。

四、置换基础加固技术的优化与创新

（一）置换基础加固技术的优化

置换基础加固技术在长期的工程实践中，虽然已经取得了一系列成果，但仍然存在一些不足。首先，当前的置换基础加固技术在处理复杂地质条件下的基础加固问题时，往往效果不佳。复杂地质条件下的土体性质多变，在置换过程中难以保证加固效果的均匀性。其次，现有技术在施工过程中对环境的影响较大，噪声、振动等问题对周边环境和居民的影响不容忽视。最后，部分置换技术在实际应用中存在施工难度大、效率低等问题，无法满足快速施工的需求。

针对现有技术的不足，未来的技术优化可以从以下几个方向进行：首先，对置换设计进行优化，使其能够更好地适应复杂地质条件。为此，可以通过引入人工智能技术，利用机器学习算法对土体性质进行智能预测，从而实现更精确的置换设计。其次，开发绿色、环保的置换材料，减少施工过程中的环境影响。例如，可以研究新型生物可降解材料，减少对环境的影响。最后，提高施工技术水平，通过引入自动化、智能化的施工设备，提高施工效率，降低施工难度。

（二）置换基础加固技术的创新

在置换基础加固技术的创新方面，可以考虑以下几个方向：首先，开发新型置换技术，如电磁置换技术、激光置换技术等，这些新技术具有更高的施工效率和更好的加固效果。其次，研究多功能、一体化的新型置换设备，实现加固过程中的多项功能，如测量、监控、调整等，从而提高施工的准确性和效率。最后，探索基于物联网的置换基础加固技术，通过实时收集和分析施工过程中的数据，实现对加固效果的实时监控和调整，提高加固质量。

第六节　预应力加固技术

一、预应力加固技术概述

（一）预应力加固技术的定义

预应力加固技术是一种通过预先施加应力，提高结构承载能力和稳定性的加固方法。该技术是在原有结构的基础上，通过新增预应力构件或对原有构件进行预应力加固，以提高结构的承载力、刚度和耐久性。预应力加固技术既适用于新建工程，也适用于既有建筑基础的加固改造。

（二）预应力加固技术的原理及特点

预应力加固技术的原理是在结构中施加预应力，使结构产生一定的预压应力和预变形，当外部载荷作用于结构时，预应力构件可以抵消部分外部载荷产生的应力，从而提高结构的承载能力和稳定性。

预应力加固技术通过施加预应力，使结构产生一定的预压应力，从而在实际受载前就提高了结构的承载能力。这种方法可以有效地提高结构的承载力，使其能够承受更大的外部载荷。预应力加固技术通过施加预应力，使结构产生一定的预变形，从而在实际受载时产生较小的变形。这种方法可以提高结构的刚度，使结构在受力时更加稳定。预应力加固技术可以改善结构的受力状态，延缓疲劳损伤的发展，从而延长结构的使用寿命。通过施加预应力，可以有效地减小结构的应力集中，降低疲劳裂缝的产生和发展，从而延长结构的使用寿命。在预应力加固技术施工过程中，对原有结构的干扰较小，施工方便且周期短。例如，预应力加固技术施工常采用后张法或预应力束张拉法，这些方法可以在不停用原有结构的情况下进行施工，从而减少施工对结构的干扰。预应力加固技术可以有效利用原有结构，降低加固成本，具有良好的经济效益。通过施加预应力，可以有效地提高原有结构的承载力和刚度，从而避免大规模的拆除和重建，节省加固成本。

（三）预应力加固技术的适用范围与限制条件

预应力加固技术的适用范围包括：①混凝土结构、钢结构、木结构等各类建筑结构的加固；②桥梁、隧道、地铁、机场等交通基础设施的加固；③工业厂房、仓库、办公楼等既有建筑的加固改造。

预应力加固技术受到以下条件的限制：①不适用于结构严重损坏、承载力低、稳定性差的情况；②不适用于需要大幅度提高承载力的情况；③不适用于对施工质量要求极高且施工条件受限的情况。

二、预应力设计

预应力结构的安全性是设计的首要考虑因素。这涉及确保结构在施工和正常使用期间能够承受各种载荷，包括预应力损失。具体来说，承载力要求确保结构在各种加载情况下均能保持稳定，不发生破坏；刚度要求保证结构在受力时产生的变形在可接受范围内，避免过大变形引起的不稳定；稳定性要求结构在受力过程中保持良好的稳定性，防止出现失稳现象。

预应力设计的适用性是指设计需要根据结构的具体使用功能和性能要求来进行。例如，对于变形，需要根据使用条件对结构的变形进行合理限制，以满足功能需求；对于裂缝，则需要通过合理的设计来控制和减少裂缝的产生，确保结构的耐久性和美观性。

在保证结构安全和适用性的基础上，预应力设计还应考虑经济性，即通过优化预应力方案来降低成本。这包括选择合适的预应力材料、合理的预应力损失控制以及施工工艺的优化等。

预应力设计应充分考虑施工的实际情况和可行性，确保设计方案能够在实际施工中顺利实施。这要求设计方案适应现有的施工工艺和条件，同时保证施工的安全性和效率。

三、预应力设备的选择与操作

预应力加固技术在工程实践中起着重要作用，而预应力设备的选择与操作是该技术应用的关键环节。合理的设备选择和正确的操作对加固效果有着直接的影响。预应力钢筋的选择需要考虑多种因素，如加固部位的尺寸、受力条件以及所需的预应力大小等。通常，预应力钢筋应具有高强度、良好的塑性和焊接性能。锚具是固定预应力钢筋并传递预应力至混凝土的关键部件。锚具的选择，要考虑其锚固性能、适用范围和承载力等。根据预应力钢筋的不同，可以选择夹片式、支承式、锥塞式等多种类型的锚具。张拉设备用于施加预应力，其选择需要根据预应力钢筋的直径和张拉力的大小来确定。通常，张拉设备包括油压机、液压泵、千斤顶等。张拉设备的选择应确保设备的准确性和稳定性，以保证预应力的准确施加。

预应力设备的操作应严格按照操作规程进行，包括设备的安装、调试、预应力的施加、锚固等步骤。在操作过程中，必须确保预应力的准确性和安全性，防止出现超张或不足张的情况。

预应力设备的选择与操作是预应力加固技术应用中至关重要的环节。只有根据实际情况选择合适的设备，并严格按照操作规程进行操作，才能确保加固的质量和稳定性。

四、预应力加固技术的施工

（一）施工前的准备工作

施工前的准备工作是预应力加固技术中至关重要的一环。

首先，要对需要加固的建筑物进行全面检查，确定其结构状况和受力特点，为后续的加固设计提供准确的数据支持。检查的内容主要包括建筑物的结构图纸、历史维修记录、现有结构损伤情况以及结构的功能需求等。

其次，要根据检查结果制定详细的加固方案，确定预应力加固的部位、尺寸、施工方法等：依据结构检查的结果，识别出最需要加固的区域；根据结构计算的结果，确保加固尺寸能够满足功能需求和安全性要求；施工方法的选择则需要考虑施工条件、成本和技术可行性。

最后，还需要准备相应的施工设备和材料，并对施工人员进行技术培训和安全教育。施工设备包括预应力张拉设备、混凝土浇筑设备等，材料则包括钢筋、混凝土等。技术培训和安全教育旨在确保施工人员能够正确理解和执行加固工艺，同时保障施工安全，防止事故的发生。

（二）预应力施工方法

预应力施工方法主要有以下几种：

1.先张法

先张法是在混凝土浇筑之前，先将预应力钢筋张拉到设计规定的强度，然后将混凝土浇筑在张拉的钢筋上的一种施工方法。这种施工方法能够保证混凝土在浇筑时受到均匀的预应力，提高混凝土的承载能力和抗裂性能。先张法的施工流程主要包括张拉预应力钢筋、锚固预应力钢筋、浇筑混凝土、养护和放松预应力钢筋。

2.后张法

后张法是在混凝土浇筑完成后，再将预应力钢筋张拉到设计规定的强度的一种施工方法。这种施工方法适用于施工现场条件有限或需要对现有结构进行加固的情况。后张法的施工流程主要包括浇筑混凝土、养护、张拉预应力钢筋、锚固预应力钢筋、灌浆和放松预应力钢筋。

3.部分预应力法

部分预应力法是指在结构中仅对部分钢筋施加预应力，以达到结构设计和使用要求的一种施工方法。这种施工方法可以有效降低结构自重，提高结构承载能力和抗震性能。部分预应力法的施工流程主要包括选择预应力钢筋、张拉预应力钢筋、锚固预应力钢筋、浇筑混凝土、养护和放松预应力钢筋。

4.体外预应力法

体外预应力法是将预应力钢筋布置在混凝土结构外部，通过锚具和预应力钢筋之间的连接，将预应力传递给混凝土结构的一种施工方法。这种施工方法具有施工速度快、对现有结构影响小等优点，适用于加固现有结构和临时支撑体系。体外预应力法的施工流程主要包括选择预应力钢筋、张拉预应力钢筋、锚固预应力钢筋、安装体外预应力体系、浇筑混凝土、养护和放松预应力钢筋。

（三）预应力施工过程中的质量控制与安全保障

预应力施工过程中的质量控制与安全保障是预应力加固技术应用的重点。在预应力施工过程中，要严格按照设计要求进行，注意预应力钢筋的布置、张拉力的大小和锚固的可靠性。同时，要加强对施工过程的监控，及时发现和处理质量问题。此外，还要做好施工现场的安全保障工作，确保施工人员的人身安全和工程的安全稳定。

预应力钢筋的布置要严格按照设计图纸进行，确保每根预应力钢筋的位置、长度和角度都符合设计要求。在施工过程中，要采用专业的测量工具进行测量和校准，确保预应力钢筋的布置准确无误。张拉力的大小会直接影响预应力加固的效果，因此需要精确控制。在张拉过程中，要使用专业的张拉设备，并按照设计要求进行张拉；同时要进行力度校验，确保张拉力的大小符合设计要求。锚固是预应力加固的关键环节，锚固的可靠性直接影响到整个工程的安全。在锚固过程中，要使用符合设计要求的锚固材料，并按照相关规范进行施工，确保锚固的可靠性。

要制定严格的安全管理制度，确保施工现场的安全。施工人员需要配备符合安全标准的安全防护用品，如安全帽、安全带、防护眼镜等。同时，施工方要进行安全技能培训，提高施工人员的安全意识。在施工过程中，要定期对工程进行检查，确保工程的安全稳定。对于发现的安全问题，要及时处理，确保施工安全。

五、预应力加固技术的优化

预应力加固技术在工程实践中虽然已经取得了显著的成效，但仍然存在一些不足之处。首先，传统的预应力加固技术往往需要对现有结构进行较大的改造，这不仅增加了工程的复杂性和成本，而且对结构的正常使用和寿命也会产生一定的影响。其次，传统的预应力加固技术在施工过程中对环境的影响较大，如噪声、振动等问题。最后，在一些特殊环境下，如高温、高压等极端条件下，传统的预应力加固技术往往难以发挥预期的效果。

针对现有技术的不足，技术优化可以从以下几个方面进行：一是开发新型的预应力加固材料，这些材料应该具有更好的适应性、耐久性和环保性。二是改进施工工艺，减少对结构的干扰和对环境的影响。例如，可以开发无噪声、无振动的施工设备和技术。三是加强监控，通过实时监测结构的应力、位移等参数，及时发现和解决问题。例如，研究基于物联网和云计算的预应力加固技术，实现远程监控和智能控制。四是结合人工智能和大数据技术，优化设计和施工方案，提高加固效果和工程质量。五是开发新型的预应力加固结构体系，如采用组合结构、异形结构等，以提高结构的承载能力和抗震性能。六是探索基于生物启发和仿生学的预应力加固技术，如采用具有自修复功能的材料和结构。七是推广绿色、可持续的预应力加固技术，如利用工业废料和再生材料等。

第六章　地基基础加固处理检测

第一节　地基基础加固效果的检测方法

一、双速度低应变法

（一）技术概述

双速度低应变法是一种基于实际应变和应力变化来检测地基基础加固效果的方法。该方法主要利用两个不同速度下的应变数据，通过分析实际应变与应力之间的关系，获取地基基础的加固情况。其基本原理如下：在两个不同速度下，对地基基础施加应力，并测量相应的应变数据；通过对比分析这些数据，可以了解地基基础的加固效果。

（二）检测步骤

双速度低应变法的检测步骤如下：

1.准备检测设备

检测设备包括应变仪、加载设备、信号采集器等。

2.设定加载速度

首先设定一个较低的加载速度，用于初步检测地基基础的应变响应；然后设定一个较高的加载速度，用于进一步分析地基基础的加固效果。

3.进行加载试验

按照设定的加载速度，对地基基础进行加载，并实时记录应变数据。

4.数据采集与分析

将应变仪和信号采集器连接，实时采集应变数据。在加载试验完成后，将数据传输至计算机，由计算机进行后续分析。

5.结果判断

通过对比分析不同速度下的应变数据，工程师可以了解地基基础的加固效果。如果实际应变与应力之间的关系在两个速度下表现出明显的差异，则说明地基基础加固效果较好；反之，则加固效果较差。

二、旁孔透射法

（一）技术概述

旁孔透射法是一种基于超声波检测技术的地基基础加固效果检测方法。该方法通过在基础的侧面钻孔，并在孔中放置超声波探头，利用超声波在混凝土中的传播特性来评估地基基础的质量和完整性。

旁孔透射法的具体原理如下：超声波探头发射的超声波穿过混凝土并在基础内部传播；当超声波遇到混凝土中的界面，如裂缝、空洞或其他缺陷时，会发生反射和折射；通过接收并分析这些反射和折射的超声波信号，检测人员可以推断出混凝土内部的状况。

旁孔透射法的优点是检测设备简单，操作方便，且对基础的破坏较小。但该方法对检测人员的技术要求较高，要求其掌握一定的超声波检测技术，并具备数据分析能力。

（二）检测步骤

旁孔透射法的检测步骤如下：在基础的侧面选择合适的位置钻孔，孔的深度应达到基础的底部；将超声波探头放入孔中，确保探头与基础表面紧密接触；启动超声波检测设备，发射超声波信号；接收并记录超声波信号在基础内部传播过程中的反射和折射情况；分析接收到的信号，评估基础的质量和完整性；根据检测结果，确定是否需要进行进一步的加固处理。

三、磁测桩法

（一）技术概述

磁测桩法可用于测定既有建筑桩基工程基桩的钢筋笼长度，当钢筋笼长度与桩长一致时，可用于判定桩长。磁测桩法是一种地球物理测井方法，原本应用于寻找测井周围磁性体并研究其分布和规模等，后被应用于测定多节桩的配桩情况和实际桩长。

磁测桩法基本原理如下：桩身钢筋、桩头钢端板、桩尖处的钢材在地磁场的磁化作用下，产生的磁感应强度叠加在正常场之上，使基桩周围的磁场强度发生变化，形成沿桩长方向的磁异常特征。磁测桩法就是根据磁场变化曲线以及磁异常梯度，来判断多节桩配筋形式和实际桩长的一种方法，可以为工程验收提供可靠依据。

磁测桩法一般分为桩中孔测试法和桩侧孔测试法两种形式。运用桩中孔测试法，须在混凝土灌注桩周身 0.5～1.0 m 范围内打孔，南侧或北侧为佳；也可利用取芯孔测量；管桩可直接使用其内部孔洞，孔芯须比桩深 3～5 m。运用桩侧孔测试法，须在桩身一侧布置钻孔下放传感器，与受检桩边缘距离不宜大于 0.5 m，且应远离相邻桩。

（二）检测步骤

磁测桩法的检测步骤如下：

1.准备工作

首先，需要确保检测设备正常工作，并将磁测仪放置在检测桩的附近。

2.桩身磁化

通过在桩身上施加磁场,使桩身内的钢筋磁化。通常,这可以通过在桩身上固定磁化器并通电来实现。

3.数据采集

当桩身磁化后,使用磁测仪沿着桩身表面移动,测量磁感线的分布情况。磁测仪会记录下桩身各处的磁感线密度,作为后续分析的依据。

4.缺陷分析

通过分析磁感线的分布,检测人员可以识别桩身的缺陷位置和大小。具体来说,磁感线密集区域可能存在裂缝或空洞等缺陷。

5.整理报告

最后,将检测结果整理成报告,供工程师或相关技术人员参考,以评估桩的完整性,并决定是否需要进一步的加固处理。

四、孔内摄像检测法

(一)技术概述

孔内摄像检测法是一种利用高清摄像头和专用传输设备,将摄像头送入钻孔内,对孔壁进行实时、高清摄像,然后通过对成像数据的分析,评估地基基础的完整性和加固效果的方法。该方法具有直观、准确、高效的特点。

孔内摄像检测法在地基基础加固处理中具有广泛的应用:通过孔内摄像检测法,检测人员可以直观地观察钻孔内壁的状况,评估地基基础的完整性;在地基基础加固过程中,通过定期进行孔内摄像检测,检测人员可以实时了解加固效果,为调整加固方案提供依据;孔内摄像检测法可用于检查施工过程中钻孔的质量,确保钻孔直径、倾斜度等参数符合设计要求;对于已出现病害的地基基础,孔内摄像检测法可以用于诊断病害原因,为后续维修提供指导。

孔内摄像检测法作为一种高效、准确的地基基础检测方法,在地基基础加固处理中具有重要的应用价值。

（二）检测步骤

孔内摄像检测法的检测步骤如下：

1.钻孔

在需要检测的位置钻取直径合适的钻孔。

2.安装摄像头

将摄像头安装在特制的传输设备上，确保摄像头正常工作。

3.摄像

将摄像头送入钻孔内，对孔壁进行高清摄像。

4.数据传输

将摄像头采集到的成像数据通过专用传输设备传送到地面。

5.数据分析

对成像数据进行分析，评估地基基础的完整性和加固效果。

第二节　地基的地表与深层位移测量

一、地表位移测量技术

（一）地表位移测量设备的选择与校准

全站仪是一种集光、机、电为一体的高精度测量仪器，它可以同时进行角度测量和距离测量，广泛应用于建筑工程、地质勘探等领域。在应用全站仪测量地表位移时，首先需要确定测站位置，然后通过测量测站与目标点之间的角度和距离，计算出目标点的位置。全站仪具有测量速度快、精度高、操作简便等优点。

全球定位系统（global positioning system, GPS）是一种利用卫星信号进行定位的技术，可以实时、高效地获取地面点的位置信息。GPS 在测量地表位移时，只需在测量点上安装 GPS 接收器，接收卫星信号，即可计算出测量点的位置。GPS 具有覆盖范围广、不受地形限制、全天候工作等优点。

测量设备的选择，应根据工程需求、测量精度、设备性能、成本等因素进行综合考虑。例如，全站仪适用于测量精度要求较高的场合，而 GPS 则适用于大范围、高精度的地表位移监测。

测量设备校准是保证测量精度的关键环节。校准应在标准条件下进行，以消除环境因素对测量结果的影响。校准主要是检查设备的各项性能指标是否符合要求，如角度测量精度、距离测量精度、信号接收稳定性等。

（二）地表位移数据的分析与处理

地表位移数据的分析与处理主要包括数据预处理、数据平滑、位移趋势分析等步骤。数据预处理包括去除异常值、填补缺失值、转换坐标系统等，以确保数据质量。数据平滑是为了消除随机误差，常用的方法有移动平均法等。位移趋势分析则是对地表位移数据进行时间序列分析，提取出位移趋势、周期性等信息，为工程决策提供依据。

地表位移数据的分析与处理，应遵循数据可靠、方法科学、分析深入的原则，以确保研究成果的准确性。

二、深层位移测量技术

（一）深层位移测量技术的原理

深层位移测量技术是岩土工程监测中不可或缺的部分，主要用于监测土体或岩石深层结构的变化。其基本原理是基于物理或几何方法，通过传感器获取深层位移数据，再通过数据处理分析得到位移量。

按照测量原理，深层位移测量方法主要分为两大类：物理方法与几何方法。物理方法主要利用电磁波、声波等在介质中的传播特性，通过测量波的传播速度或者波形变化来计算位移。几何方法则是通过测量测点之间的距离变化来计算位移，如视电阻率法、激光位移法等。

（二）深层位移测量仪器的使用与维护

深层位移测量仪器的使用与维护是确保测量数据准确可靠的关键。在使用前，检测人员应详细阅读仪器说明书，了解仪器的结构、功能、操作程序及注意事项；在使用时，应确保仪器与被测介质接触良好，避免因接触不良导致的测量误差；在维护方面，应定期检查仪器的电路、传感器等关键部件，确保其工作正常；同时，应防止仪器受潮、受热、受冻，避免强烈的机械冲击和振动。此外，对于一些特殊环境，如高温、高湿、强腐蚀性环境，还应选用适合该环境的防护措施和材料。

（三）深层位移数据在地基基础加固处理中的应用

深层位移数据的准确获取对于地基基础的加固处理具有重要意义。对深层位移数据的实时监测与分析，可以评估加固效果，指导加固设计的优化。

在具体应用中，深层位移数据可用于判断土体或岩石的稳定性，评估加固措施的及时性和有效性。当深层位移数据超过预设的安全范围时，应及时调整加固方案，以避免工程事故的发生。此外，深层位移数据还可以用于评估地基基础的长期稳定性，为基础维护提供重要依据。

三、位移测量数据的解析与预测

（一）位移测量数据处理与分析

位移测量数据的处理与分析是确保监测结果准确可靠的关键步骤。首先，需要对原始数据进行清洗，排除由于设备故障、环境干扰等而产生的异常数据。然后，通过数学统计方法如最小二乘法、多项式拟合等对位移数据进行处理，以揭示位移变化的规律。最后，应用时间序列分析、小波分析等方法对位移数据进行时频分析，以更准确地把握位移的动态特性。

时间序列特征的分析是理解位移数据的基础。这包括位移随时间的变化趋势、周期性波动、异常值识别等。通过时间序列特征的分析，工程师可以初步判断位移变化的规律性和潜在问题。例如，通过绘制位移-时间曲线，工程师可以观察到位移的变化趋势。

回归分析是探索位移与其他可能影响因素之间关系的一种重要方法。它可以用来识别和量化多个变量间的关系，并建立预测模型。在位移数据分析中，工程师可以利用回归分析来考察位移与时间、环境（如温度、湿度）、工程活动（如施工加载）等因素的关系，如进行线性回归分析以确定时间与位移之间的关系，或者多元回归分析来考虑多个自变量对位移的影响。

建立数学模型是对位移数据进行深层次分析的关键。根据前两个步骤的分析结果，工程师可以构建出能够描述位移变化规律的数学模型。这些模型可能是简单的线性模型，也可能是复杂的时间序列分析模型、机器学习预测模型等。模型的构建需要充分考虑数据的特征和可能的干扰因素，以确保模型的准确性和预测能力。

（二）位移趋势的预测与评估

利用历史位移数据，结合地质条件、环境因素等，工程师可以预测未来的位移发展趋势。历史位移数据是预测未来位移发展趋势的重要依据。通过对历史数据的分析，工程师可以了解地基的位移规律和特点。同时，地质条件和环境因素也会对地基的位移产生影响。例如，地质构造活动、地下水变化、气候变化等都会对地基的位移产生影响。因此，在预测未来位移发展趋势时，需要综合考虑这些因素，以提高预测的准确性。

结合预测结果评估现有加固措施的效果，可以判断是否需要进一步的加固措施。根据预测的未来位移发展趋势，可以评估现有加固措施的效果。如果预测结果显示位移发展趋势较为明显，则说明现有加固措施可能效果不佳，需要进一步的加固措施，如增加加固深度、加强加固材料的性能等。

位移灾害风险是指由地基位移导致的灾害风险。预测可能的位移灾害风险，可以为应急预案的制定提供科学依据。例如，可以预测由地基位移导致的地面沉降、滑坡等灾害风险，并制定相应的应急预案。这有助于减少位移灾害对工程和环境的影响，保障人民群众的生命财产安全。

（三）位移数据与加固效果的关系

位移数据是评价加固效果的直接指标。通过分析位移数据，工程师可以判断加固措施是否达到了预期效果。

通过对比分析，可以清晰地看到加固措施实施后位移数据的变化情况，从而评估加固效果。如果加固后的位移数据明显小于加固前的位移数据，则说明加固措施对位移控制起到了积极的作用。

不同的加固方法对位移的影响程度是不同的，通过分析不同加固方法下的位移数据，可以找出哪种加固方法更有效，从而为选择更有效的加固方案提供参考。

在加固过程中，实时监测位移数据的变化情况，有助于发现潜在的风险，如位移变化异常等，以便及时调整加固策略，确保加固效果。

位移测量数据的解析与预测工作是地基基础加固中不可或缺的一环，通过科学的数据处理与分析方法，可以有效预测位移发展趋势，评估加固效果，为加固工程提供有力支持。

第三节　地基土应力测试

一、土压力盒测试方法

（一）土压力盒的原理与构造

土压力盒是一种用于测量土体内部压力的传感器。其基本原理是利用压力传感器将土体的压力转换为电信号，然后通过数据采集系统将电信号转换为压力值。土压力盒通常由一个敏感元件、一个保护外壳和一些连接导线组成。

敏感元件通常是应变片，它对土体的压力产生应变，并将应变转换为电信号。保护外壳用于保护敏感元件，防止外部环境对传感器的影响。连接导线的作用是将电信号传输到数据采集系统。

（二）土压力盒的安装与埋设

土压力盒的安装与埋设是测试过程中的重要环节，具体步骤如下：首先，在土体中钻孔，孔径应略大于土压力盒的外径。然后，将土压力盒放入孔中，确保其与土体紧密接触。接着，用钻孔周围的土体将孔填满，并轻轻振动以使土压力盒与土体充分接触。最后，将土压力盒的连接导线引出地面，并与数据采集系统连接。

在安装过程中需要注意以下几点：确保土压力盒与土体紧密接触，避免空隙产生；避免在安装过程中对土压力盒造成损坏；确保连接导线的引出方便后续的数据采集。

（三）土压力数据的采集与分析

土压力数据的采集与分析是地基土应力测试的核心环节。数据采集系统通常由传感器、数据采集卡和计算机组成。传感器接收土压力盒的电信号，数据采集卡将电信号转换为数字信号，计算机进行数据处理和分析。

数据分析主要包括以下几个方面：首先，对采集到的数据进行滤波和去噪处理，以消除干扰信号；其次，根据土压力盒的原理，将电信号转换为压力值；然后，对压力值进行时程分析，提取出感兴趣的特征参数；最后，根据分析结果，对土体的力学性能进行评价。

需要注意的是，在数据采集与分析过程中，要确保传感器的精度、数据采集卡的稳定性和计算机的性能；同时，要根据实际情况选择合适的分析方法和参数。

二、应力计测试技术

（一）应力计的种类

应力计是用来测量土体内部应力的重要工具，在地基基础加固领域有着广泛的应用。根据传感器的材料、结构形式和工作原理的不同，应力计大致可以分为以下几种类型：

1.电阻应变片式应力计

电阻应变片式应力计是应用最为广泛的应力测试设备。它的工作原理是基于应变片的电阻随应变的变化而变化的特性（当应变片贴在试件表面并受到拉伸或压缩时，其电阻值会相应地增加或减少），测量电阻的变化，从而计算出试件所承受的应力。

2.差动电阻式应力计

差动电阻式应力计的工作原理是通过测量两个或多个电阻应变片的差动电阻值变化来确定应力。它将应变片组成差动电路，当试件受到应力作用时，应变片产生不同的应变，从而导致电阻值的变化。通过测量电路的电压或电流变化，可以计算出试件受到的应力。

3.频率式应力计

频率式应力计的工作原理是基于振动频率与应力之间的关系，测量试件在受到应力作用时的振动频率变化，从而计算应力。当试件的应力发生变化时，其振动频率也会发生相应的变化，通过分析频率的变化，可以得到试件的应力值。

4.电磁式应力计

电磁式应力计的工作原理是利用电磁感应的原理来测量应力。它通过测量在交变磁场中导体（试件）产生的感应电动势来计算应力。当试件受到应力作用时，其形状和尺寸发生变化，从而影响感应电动势的大小，通过测量电动势，可以得到试件的应力。

各种类型的应力计工作原理不尽相同，但目的都是了解土体内部的应力状态，以便对土体结构稳定性、地基承载力等进行评估。

（二）应力计的安装与校准

应力计的安装是确保测试准确性的关键步骤。在选择应力计的安装位置时，需要考虑多方面的因素。首先，要选择地基基础结构相对稳定且能够代表基础整体受力状况的位置。通常，这个位置应该是在基础的自然状态下的某一深度处。此外，还需要考虑测试目的，确保安装位置能够满足测试需求。安装孔，要使用专业的钻孔设备，按照预定的位置和深度进行钻孔。在钻孔过程中，要注意保持孔壁的垂直度，避免孔壁出现倾斜或者扰动，以免影响应力计的安装和测试结果的准确性。在安装应力计时，首先要使应力计的传感部分与基础紧密接触，确保传感部分能够准确感知基础的应力变化。然后，将应力计的电缆部分穿过孔壁，连接到数据采集设备上。在安装过程中，要尽量避免对传感部分的损坏，确保应力计能够正常工作。固定应力计是为了防止在测试过程中，应力计因为外力作用而发生位置移动，影响测试结果的准确性。通常，固定应力计的方法包括使用黏土、砂浆或者其他固定材料将应力计与孔壁紧密黏合。在固定过程中，要注意避免对应力计的传感部分造成损伤。

校准应力计是为了确保其测量结果的准确性。零点校准的目的是检查并调整应力计的零点，确保其在没有施加外部应力时，显示的读数为零。这一步骤可以消除由应力计自身性能问题或者外部环境因素导致的零点偏移。零点校准通常通过使用专门的校准装置或者标准应力计来完成。满量程校准是为了检查并调整应力计的满量程，确保其在施加最大预期应力时，显示的读数能够达到预设的最大值。这一步骤可以保证应力计在满量程范围内的测量精度。满量程校准通常也需要使用专门的校准装置或者标准应力计来进行。线性校准是为了检查并调整应力计的输出特性，确保其输出的应力值与施加的应力之间具有良好的线性关系。这一步骤可以提高应力计在测量范围内的测量精度。线性校准通常需要通过绘制应力-应变曲线，并进行线性拟合。

（三）应力数据的处理与应用

数据采集是地基基础应力测试的第一步，主要是通过应力计来获取基础的应力数据。应力计通常被放置在基础中，以测量基础在受到载荷作用时的应力状态。在数据采集的过程中，要确保应力计的准确性和稳定性，以及数据的可靠性和有效性。

数据传输是指将应力计采集到的数据从现场传输到数据处理中心。这个过程可以通过有线或无线的方式进行。有线传输通常使用电缆，无线传输则可以使用蓝牙、Wi-Fi 或蜂窝网络等。在数据传输的过程中，要保证数据的安全性和稳定性，防止数据丢失或被篡改。

数据预处理是指在数据分析之前对采集到的数据进行的一系列处理，包括数据清洗、数据校准、数据插补等。这个过程的目的是提高数据的质量，消除数据中的噪声和异常值，使得数据更加准确和可靠。

数据分析是对预处理后的数据进行深入研究和解读的过程。通过数据分析，可以揭示土体的应力状态和变形特性，为工程设计和施工提供依据。常见的数据分析方法包括统计分析、时序分析、频谱分析等。

结果应用是指将数据分析得到的结论应用于实际工程中，包括加固设计参数的确定、工程安全评价、施工方案的优化等。通过结果应用，可以提高工程的质量和效益，降低工程的风险和成本。

三、应力测试数据的解释与加固效果评估

（一）应力数据的解析

应力数据的解析是评估地基基础加固效果的重要步骤。在解析前，要对测试得到的应力数据进行预处理，包括数据清洗和数据校正。数据清洗是为了去除由测量误差或者外界干扰导致的异常数据，而数据校正则是为了消除测试设备或者测试方法带来的系统误差。接下来，即可对数据进行解析。常用的解析方法包括描述性统计分析、时间序列分析和频谱分析等。描述性统计分析可以提供应力数据的中心趋势、离散程度等基本信息；时间序列分析可以揭示应力数据随时间的变化规律；频谱分析则可以用来识别应力数据的周期性变化。

（二）应力变化与加固效果的关系

应力变化与加固效果之间的关系是评估地基基础加固效果的核心。一般来说，加固效果的好坏可以通过应力变化的大小和速度来体现。如果加固后应力

变化较小且速率较慢，则说明加固效果较好；相反，如果应力变化较大且速率较快，则说明加固效果可能不理想。

此外，应力变化与加固效果之间的关系还受到许多因素的影响，如土体的性质、加固方法、加固深度等。因此，在评估加固效果时，需要综合考虑这些因素，才能得出准确的结论。

（三）应力测试在加固处理中的应用

应力测试在地基基础加固处理中有广泛的应用。首先，应力测试可以用来确定加固处理的范围和深度。通过测试得到的应力分布情况，工程师可以判断哪些区域需要加固，以及需要加固到多深。其次，应力测试可以用来监测加固效果。在加固过程中，定期进行应力测试，可以实时了解基础应力的变化情况，从而及时调整加固方案，确保加固效果达到预期。最后，应力测试还可以用来评估加固后的基础稳定性。通过测试得到的应力数据，工程师可以计算出基础的强度和稳定性指标，从而判断加固后的基础能否满足工程需求。

第四节　基础应力测试

一、桩基应力测试

（一）桩基应力测试的原理与方法

桩基应力测试是评估桩基承载力和变形特性的重要方法。其基本原理是通过在桩身指定位置施加压力，测量桩身内部的应力分布，从而得到桩的承载力和变形特性。

桩基应力测试的方法主要包括静态加载法和动态加载法。静态加载法是通过在桩顶施加静态载荷，测量桩身内部的应力分布。该方法操作简单、结果可靠，但测试时间较长。动态加载法是通过在桩顶施加动态载荷，测量桩身内部的应力分布。该方法测试时间短，但结果的处理较为复杂。

（二）测试设备与仪器的选择

桩基应力测试需要选择合适的测试设备与仪器。常用的测试设备有加载设备、测量设备和数据处理设备。

加载设备主要有静态加载设备和动态加载设备。静态加载设备包括油压泵、加载梁等，动态加载设备包括激振器、加速度计等。测量设备主要有应变片、位移计等，用于测量桩身内部的应力分布和位移。数据处理设备主要是计算机，用于处理测试数据。

测试设备与仪器的选择，应根据测试目的、桩的类型和尺寸等因素进行综合考虑。

（三）桩基应力数据的分析与加固效果评估

桩基应力测试得到的数据需要进行详细的分析，以评估桩基的承载力和变形特性。数据分析主要包括应力分布的计算、承载力的评估和变形特性的分析。

应力分布的计算是根据测量得到的应变值和桩的弹性模量计算桩身内部的应力分布。承载力的评估是根据应力分布计算得到的桩顶应力值和桩的尺寸，评估桩的承载力。变形特性的分析是根据应力分布和桩的尺寸，分析桩的变形特性，如弹性变形、塑性变形等。

此外，桩基应力测试还可以用于评估加固效果。通过对比加固前后的应力分布和承载力，可以评估加固效果的好坏。

二、筏板基础应力测试

（一）筏板基础应力测试的步骤

筏板基础应力测试是评估大型基础结构应力状态的重要方法。测试通常包括以下步骤：

1.测试准备

在进行筏板基础应力测试前，要确保测试设备的准确性和可靠性。这包括对加载设备、应变片以及数据采集系统的检查。同时，还需要准备相应的测试工具和材料，如应变片、导线、绝缘胶带等。

2.布设应变片

应变片应贴于筏板基础的预定位置，这些位置通常选在筏板的几何中心或关键受力区域。在布设时要注意，应变片的方向应与基础受力方向一致，确保应变片能够准确捕捉到基础的应力变化。

3.加载设备

加载设备需要根据筏板基础的设计载荷和测试目的进行选择。设备可以是静态的，也可以是动态的。动态加载设备可以模拟实际工程中的各种加载情况，如循环加载等。

4.数据采集

数据采集系统应能实时监测并记录应变片的读数。在测试过程中，需要定期记录数据，特别是在加载初期和加载过程中，应力变化较快，需要更频繁地记录。

5.测试结束与数据保存

当达到测试结束条件时，应立即停止加载，并关闭数据采集系统。采集到的数据通常以电子文件的形式保存，以防数据丢失或损坏。同时，应对测试结果进行初步分析，确保数据的准确性和可靠性。

（二）应力测试数据的处理与分析

第一，数据清洗。数据清洗是基础应力测试数据分析的首要步骤。这包括去除数据中的异常值、填补缺失数据、校正测量误差等。清洗后的数据应更加准确地反映实际应力情况，为后续分析打下坚实基础。

第二，根据清洗后的数据，绘制应力应变关系曲线。该曲线能够直观地展示在不同应变水平下，基础所承受的应力变化。通过该曲线，工程师可以观察到材料的应力应变特性，如弹性阶段、塑性阶段等。

第三，通过分析应力应变关系曲线，确定筏板基础的极限承载力。极限承载力是指基础在破坏前能承受的最大应力。这对于确保基础设计的合理性和安全性至关重要。

第四，分析应力在筏板基础上的分布特性，包括最大应力位置、应力分布均匀性等。通过这些信息，工程师可以评估基础在不同位置的受力情况，为优化基础设计提供依据。

（三）筏板基础应力测试在加固处理中的应用

第一，在进行筏板基础应力测试前，首先要对现有基础结构进行全面检测，诊断其是否存在问题。这包括对基础的沉降、裂缝、混凝土强度等进行详细记录。通过分析测试数据，工程师可以确定基础是否存在不均匀沉降、局部承载力不足等现象。

第二，根据诊断结果，针对存在的问题，制定合理的加固方案。在制定加固方案时，要充分考虑施工条件、经济性和安全性。

第三，在加固施工完成后，要对加固效果进行评估。这可以通过再次进行筏板基础应力测试来实现。通过对比加固前后的测试数据，分析基础的承载能力、变形特性等方面的变化，工程师可以判断加固效果是否达到预期。

在加固处理中应用筏板基础应力测试，可以确保基础结构的安全稳定，延长建筑物的使用寿命；同时，也有助于提高施工质量，避免由基础问题导致的工程质量事故。

三、应力测试数据的综合分析与加固策略优化

（一）应力测试数据的整合与比较

应力测试数据的整合主要是对收集到的数据进行整理和分析，以便更好地理解数据的分布、趋势和潜在问题。首先，要将不同来源的数据进行清洗和格式化，确保数据的一致性和准确性。然后，通过数据可视化工具对数据进行可视化处理，以便更直观地展示数据的特点和规律。最后，要对数据进行统计分析，如计算均值、方差、标准差等，以了解数据的分布情况和离散程度。

比较应力测试数据主要是通过对比不同测试条件下的数据，找出可能存在的问题和差异。这可以通过制作箱线图、柱状图等图表来实现，也可以通过计算差异的显著性水平来进行。通过比较数据，工程师可以发现不同测试条件下的应力变化趋势，以及是否存在异常值或异常情况。这些比较结果可以为后续的加固策略的优化与调整提供重要参考。

（二）加固策略的优化与调整

基于应力测试数据的整合与比较结果，工程师可以对现有的加固策略进行优化和调整。首先，针对发现的问题和差异，可以考虑调整加固方案，如增加加固材料的厚度、改变加固方式等。其次，还可以根据数据的反馈，优化加固策略的实施过程，如调整施工顺序、改进施工技术等。最后，还可以通过引入新的加固技术和材料，来优化加固效果和降低成本。

加固策略的优化和调整，要综合考虑多方面的因素，如安全性、经济性、施工周期等；同时，还要充分考虑加固策略的可行性和实施难度，以确保加固工作的顺利进行。不断地优化和调整，可以使加固策略更加科学合理，有助于

提高工程质量。

（三）应力测试在加固处理中的长期效益评估

应力测试在加固处理中的长期效益评估主要是对加固后的结构和性能进行持续监测和评估，以验证加固效果的持久性和稳定性。这可以通过设置长期的监测点和检测指标来实现，如应力、位移、裂缝宽度等。长期的监测数据，可以用来评估加固处理的效果是否符合预期，以及是否存在潜在的问题和风险。

长期效益评估的结果对于评估加固投资的回报和效果具有重要意义。如果加固效果良好，则可以增强结构的可靠性，延长结构的使用寿命，从而带来更好的经济效益和社会效益。相反，如果加固效果不理想，则需要重新考虑加固策略，并进行调整和改进。此外，长期效益评估还可以为今后的类似工程提供宝贵的经验和参考。

第七章 信息化与智能化技术
在地基基础鉴定与加固中的应用

第一节 信息化技术
在地基基础鉴定中的应用

一、数据收集与管理

（一）地基现场数据的数字化采集

地基现场数据的数字化采集是信息化技术在地基基础鉴定中的重要应用之一。各种传感器和测量设备的使用，可以高效、准确地获取地基现场的各类数据，如土壤湿度、土壤密度、地基基础承载力等。这些数据通过数字化采集设备被转化为数字信号，再通过数据传输设备传输到数据处理中心，为后续的数据处理和分析提供原始数据。

数字化采集的优势在于其高效率、高精度和高稳定性。数字化采集可以大量减少人为误差，提高数据的可靠性和准确性。同时，数字化采集设备可以快速地覆盖大面积的地基现场，大大提高数据采集的效率。

（二）地质勘查数据的信息化处理

地质勘查数据的信息化处理是指利用计算机技术和信息化手段对地质勘

查数据进行处理和分析。

信息化处理的优势在于其高效性和准确性。通过计算机技术和信息化手段，工程师可以对大量地质勘查数据进行快速处理和分析，得到有价值的信息和结论。同时，信息化处理可以减少人为误差，提高数据的准确性和可靠性。

（三）建立地基信息数据库，实现数据的高效存储与查询

建立地基信息数据库是信息化技术在地基基础鉴定中的重要应用之一。将地基现场数据和地质勘查数据存储在数据库中，有利于方便地进行数据的存储、查询和管理。

地基信息数据库应具备高效存储、快速查询、数据安全和易于扩展等特点。高效存储是指数据库应能够快速地存储和读取大量数据。快速查询是指数据库应能够根据用户的查询需求快速地检索到所需的数据。数据安全是指数据库应具备数据备份和恢复功能，以防止数据丢失或被破坏。易于扩展则是指数据库应能根据数据量的增长和业务需求的变化进行扩展。

地基信息数据库的建立，可以实现数据的高效存储与查询，为地基基础鉴定提供强有力的数据支持。同时，地基信息数据库还可以与其他信息系统进行集成，实现数据的共享和交换，进一步提高地基基础鉴定的效率和准确性。

二、数据分析与可视化

（一）利用数据分析工具处理地基数据

在地基基础鉴定中，数据分析是关键环节。信息化技术的引入，可以高效处理海量地基数据。目前，常用的数据分析工具有 SPSS、Python、R 等。这些工具能够对地基数据进行描述性统计分析、假设检验、相关性分析等，为地基基础鉴定提供数据支持。

例如，利用 Python 中的 Pandas 库，工程师可以快速处理地基监测数据，

提取有价值的信息,为后续分析提供基础。Pandas 库具有强大的数据处理能力,可以方便地进行数据清洗、数据规整等操作。通过 Pandas 库,工程师可以轻松实现对地基数据的描述性统计分析,如计算各数据的均值、标准差、最大值、最小值等。此外,Pandas 库还支持进行假设检验,如 t 检验、F 检验等,以判断地基数据是否存在显著性差异。相关性分析也是地基鉴定中的重要环节。通过 Pandas 库,工程师可以计算地基数据中各指标之间的相关系数,如皮尔逊相关系数、斯皮尔曼等级相关系数等,从而了解各指标之间的关系。

SPSS 作为一款经典的数据分析软件,在地基基础鉴定领域有着广泛的应用。它提供了丰富的统计分析方法,包括描述性统计、推断性统计、方差分析、回归分析等。通过 SPSS,工程师可以方便地进行地基数据的预处理、分析和解释。此外,SPSS 还支持将分析结果导出为表格、图表等形式,便于报告和分享。

R 语言作为一种专门用于统计分析和图形展示的编程语言,也在地基基础鉴定领域得到了应用。R 语言拥有 ggplot2、Plotly 等丰富的绘图工具,可以将地基数据以多种形式展示,如条形图、折线图、散点图等。此外,R 语言还提供了 lme4、nlme 等包,可用于进行线性混合效应模型等复杂的统计分析。

通过引入 SPSS、Python、R 等数据分析工具,工程师可以高效处理地基数据,进行描述性统计分析、假设检验、相关性分析等,为地基鉴定提供数据支持。同时,这些工具还支持数据可视化,可以将分析结果以图表形式展示,便于理解和交流。

(二)地基物理力学性质的可视化表达

地基物理力学性质是地基基础鉴定的重要内容。信息化技术,可以将地基物理力学性质数据进行可视化表达,更直观地展示地基性能。例如,利用 Matplotlib,工程师可以绘制地基应力-应变曲线、地基承载力曲线等,从而分析地基的物理力学性质。此外,利用 3D 可视化技术,可以直观展示地基的三维结构,帮助工程师更好地理解地基情况。

在地基基础鉴定过程中，获取地基的物理力学性质数据是至关重要的。这些数据通常包括地基的应力、应变、承载力等参数。通过对这些数据进行分析和可视化，工程师可以更直观地了解地基的性能特点，为工程设计和施工提供依据。

利用 Matplotlib 进行地基物理力学性质数据的可视化，是一种常见的做法。该库提供了丰富的绘图功能，可以方便地绘制各种图表。例如，通过绘制地基应力-应变曲线，工程师可以分析地基的弹性模量、强度等性能指标。同样，通过绘制地基承载力曲线，工程师可以了解地基的承载能力及其变化规律。

此外，3D 可视化技术在地基基础鉴定中也发挥着重要作用。通过将地基的三维结构以图形的形式展示出来，工程师可以更直观地了解地基的地质条件、结构特点等。这对于工程师来说，有助于其更好地把握地基情况，为工程设计和施工提供参考。

地基物理力学性质的可视化表达，有助于更直观地了解地基性能，为工程设计和施工提供依据。利用 Matplotlib 和 3D 可视化技术，工程师可以有效地进行地基物理力学性质数据的可视化分析。这将有助于提高地基基础鉴定的准确性和效率，为我国土木工程事业的发展贡献力量。

（三）地质模型的三维重建与模拟

地质模型是地基基础鉴定不可或缺的部分。通过信息化技术，工程师可以对地质模型进行三维重建与模拟，从而更真实地反映地质情况。目前，常用的地质建模软件有 GeoStudio、AutoCAD 等。这些软件能够根据实地勘探数据，建立地质模型，并进行三维可视化展示。

GeoStudio 是一款专业的地质建模软件，它能够对地质数据进行处理、分析和可视化。通过该软件，工程师可以创建地质模型，并对模型进行各种分析，如地基沉降预测、地基稳定性分析等。AutoCAD 则是一款广泛应用于工程领域的计算机辅助设计软件，它也可以用于地质模型的建立和展示。

通过地质模型，工程师可以更准确地预测地基的沉降情况，评估地基的稳定性，为地基基础鉴定提供有力支持。同时，三维可视化展示也能更直观地展示地质情况，有助于工程师更好地理解和分析地质数据。

三、风险评估与决策支持

（一）基于数据的地基稳定性评估

地基稳定性评估是地基基础鉴定至关重要的环节。基于数据的评估方法，是通过收集和分析地基的地质、水文、工程负荷、环境因素等方面的数据，运用统计学、力学、土力学等理论，建立地基稳定性的评估模型。此方法可以充分利用现有的数据资源，提高评估的准确性和可靠性。

具体来说，首先，要对收集的数据进行整理和分析，确定地基的物理力学特性；然后，根据不同的评估目标，选择合适的评估模型，如极限状态方程、安全系数法等；最后，通过计算和分析，得出地基稳定性的评估结果，为后续的地基加固设计和施工提供科学依据。

（二）潜在风险区域的识别与预警

潜在风险区域的识别与预警，是地基基础鉴定中防止事故发生的重要措施。通过信息化技术，可以实现对地基风险的快速、准确识别和预警。

具体来说，首先，要建立地基风险评估模型，该模型应包括地基的地质条件、工程负荷、环境因素等多个影响因素；然后，通过收集和分析地基监测数据，运用数据挖掘、机器学习等方法，识别出潜在的风险区域；最后，根据风险程度，对不同区域进行预警，并采取相应的防范措施。

（三）为地基基础鉴定提供科学的决策支持

信息化技术具有较高的数据处理能力。地基基础鉴定涉及大量数据，包括土壤的物理性质、化学成分、力学特性等，以及环境因素、工程负荷等多种信息。利用信息化技术，工程师可以快速准确地收集、整理这些数据，并通过高效的数据处理算法，为地基基础鉴定提供坚实基础。

通过信息化技术，地基基础鉴定可以采用先进的分析方法，如数值模拟、人工智能算法等。这些方法可以模拟地基在各种负荷下的响应，预测地基的长期稳定性，为工程设计提供科学依据。同时，与历史数据的比对，可以为优化设计方案、提高工程质量提供依据。

智能化决策支持系统是信息化技术在地基基础鉴定中的重要应用。该系统可以根据工程的具体情况，提供最适合的地基处理方案。通过综合分析大量的历史数据和实时数据，结合人工智能算法，它能够自动进行方案的筛选和优化，大大提高决策的效率和准确性。

信息化技术还可以通过可视化手段，将地基基础鉴定的复杂数据和分析结果直观展示给工程师，如通过三维模型展示地基的应力分布、变形情况等，使工程师能够更直观、更清晰地理解地基的状况，从而做出更合理的决策。

第二节　智能化技术
在地基基础加固中的应用

一、智能化加固设计

（一）基于人工智能的加固方案优化

人工智能（artificial intelligence, AI）技术在地基基础加固方案中的应用，主要体现在通过算法优化设计方案，改善加固效果，提高施工效率。AI 能够处理大量数据，分析地基的复杂情况，快速生成多种加固方案，并评估各方案的优劣。在方案优化过程中，AI 会考虑地质条件、经济成本、施工技术等多种因素，以实现最佳加固效果。具体来说，基于 AI 技术的加固方案优化包括以下几个步骤：

1.数据采集与处理

数据采集是智能化加固设计的基础，采集的数据主要包括地质条件、建筑物的使用状况、环境因素等。在这一步，工程师要通过各种传感器和监测设备收集数据，然后利用数据处理技术进行清洗、归一化和分析，以便为后续的方案生成提供准确的信息。

2.方案生成

在数据处理的基础上，AI 系统将根据加固设计的目标和约束条件，生成一系列可能的加固方案。这些方案将综合考虑经济、技术、施工周期等方面的因素，以满足不同需求的加固设计。

3.方案评估

方案评估主要是利用 AI 中的评估模型，对生成的加固方案进行综合评估。评估模型将考虑方案的安全性、可靠性、经济性等多个方面，给每个方案一个评估分数，从而为方案优化提供依据。

4.方案优化

基于方案评估的结果，AI 系统将采用优化算法，如遗传算法、粒子群优化算法等，对方案进行优化。在优化过程中，AI 系统将不断调整方案的各个参数，以寻找最佳加固方案，以满足设计要求。

（二）智能化材料选择与匹配

智能化材料选择与匹配是指利用 AI 技术，根据地基的特性和设计要求，自动推荐最合适的加固材料。这一过程主要涉及以下步骤：

1.材料性能数据库建立

智能化材料选择与匹配是地基基础加固工程的关键步骤。在这一步骤，首先要建立一个材料性能数据库。这个数据库应包含各种地基基础加固材料的性能参数，如强度、耐久性、渗透性、压缩性等。然后要利用数据挖掘和机器学习技术对材料性能进行分析和预测，并结合收集和整理的历史数据，为智能化材料选择提供支持。

2.知识图谱构建

在材料性能数据库的基础上，可以构建一个知识图谱。知识图谱可以将材料性能与地质条件、加固目的、施工方法等因素关联起来，形成一个完整的知识体系。知识图谱可以实现材料性能与工程需求之间的智能匹配，为地基基础加固设计提供科学依据。

3.智能推荐系统开发

基于材料性能数据库和知识图谱，可以开发一个智能推荐系统。该系统将根据工程需求、地质条件和施工条件，为工程师推荐最合适的加固材料。智能推荐系统还可以根据实际工程反馈，不断优化推荐算法，提高推荐质量。此外，智能推荐系统还可以提供材料组合方案，以满足复杂工程的需求。

智能化的材料选择与匹配，可以提高地基基础加固设计的效率和质量。设计师可以根据智能系统推荐的材料方案，进行快速设计和优化。同时，智能化技术还可以帮助设计师解决复杂工程问题，提高地基基础加固工程的成功率。

二、智能化施工监控

（一）实时监控系统的构建与运行

实时监控系统是智能化地基基础加固工程的重要组成部分，其构建与运行主要依赖于先进的信息技术和传感器技术。该系统通过部署的各类传感器，如位移传感器、压力传感器、温度传感器等，实时采集地基的位移、应力、温度等数据；然后利用物联网技术，将采集到的数据传输至数据中心；最后通过大数据分析与云计算平台对数据进行处理，实现对地基状态的实时监控。

在构建实时监控系统时，要考虑系统的稳定性、可靠性和实时性。因此，选择合适的传感器和数据传输设备至关重要。同时，为了保证数据的准确性和实时性，需要对传感器进行定期校准，并对数据传输设备进行维护。

（二）施工质量与进度的智能化控制

智能化施工监控不仅能够实时监控地基的状态，还可以通过对施工过程的数据分析，实现对施工质量和进度的智能化控制。

在施工质量控制方面，通过实时监控系统收集的数据，工程师可以对施工过程中的各项参数进行实时分析，及时发现施工中的问题，如施工速度过快、压力过大等，从而及时调整施工方案，确保施工质量。

在施工进度控制方面，通过对施工过程中各项任务的完成情况进行数据分析，工程师可以实时掌握施工进度，确保施工按照预定计划进行；同时，根据实时数据分析的结果，还可以对施工计划进行调整，以适应施工现场的实际情况。

（三）安全隐患的自动识别与预警

智能化施工监控系统还可以自动识别施工中的安全隐患，并及时发出预警，从而确保施工安全。

通过对实时监控系统收集的数据进行分析，工程师可以及时发现施工中的安全隐患，如地基位移过大、施工设备故障等。一旦发现安全隐患，系统就会立即发出预警，通知施工人员采取相应措施，如停止施工、调整施工方案等，确保施工安全。

总的来说，智能化施工监控系统在地基基础加固工程中的应用，不仅可以提高施工质量，保证施工进度，还可以有效预防和控制安全隐患，提高施工安全水平。

三、智能化加固效果评估

（一）智能化监测系统在加固效果评估中的应用

智能化监测系统在地基基础加固效果评估中的应用，主要体现在实时、动态地监测地基基础的加固情况，从而更准确地评估加固效果。该系统通过安装在地基中的传感器，实时收集地基的应力、应变、位移等数据，并将这些数据传输到智能化监测平台。通过数据分析，工程师可以实时了解地基基础的加固效果，以便及时发现问题并进行处理。

智能化监测系统还可以根据地基的实际情况，调整监测频率和监测参数，使得监测更加精细化、个性化，从而提高监测的准确性和有效性。智能化监测系统，可以大大提高地基基础加固效果评估的效率和准确性，降低人工监测的成本和风险。

（二）基于大数据的加固效果预测与分析

基于大数据的加固效果预测与分析，主要是利用收集到的历史数据，通过数据挖掘和机器学习算法，建立地基基础加固效果的预测模型，从而预测加固效果。这种方法可以充分利用历史数据中的信息，提高预测的准确性。

大数据分析还可以揭示地基基础加固效果与各种因素之间的关系，如地质条件、加固方法、加固材料等，这有助于我们更深入地理解地基基础加固的原理，从而优化加固方案，改善加固效果。

（三）智能化评估结果的反馈与优化

智能化评估结果的反馈与优化，是指根据智能化监测系统和大数据分析的结果，对地基加固工程进行实时调整和优化，如：根据监测结果，调整加固方案；或根据预测结果，提前采取措施，防止加固效果不佳。

智能化评估结果的反馈与优化，可以大大提高地基基础加固的效率，改善地基基础加固的效果，降低加固成本，提高工程的安全性；同时，可以在一定程度上促进智能化技术的不断进步和完善。

第三节　信息化与智能化技术的
集成应用

一、技术集成的重要性与意义

（一）提升地基基础鉴定与加固的整体效率

信息化与智能化技术的集成应用，使得地基基础鉴定与加固工作摆脱了传统烦琐的纸质记录和人工分析方式，转而采用高效的数据处理和智能分析系统。信息化与智能化技术的集成应用，通过将各种传感器收集的数据实时传输至中央处理系统，不仅大幅减少了人为误差，还极大提高了数据处理的速度和准确性。智能算法能够快速解析复杂数据，为工程师提供精确的评估结果和施工指导，从而显著提升整体工作效率。

（二）加强鉴定与加固过程中的协同性

地基基础鉴定与加固项目，涉及多个专业领域和多个施工环节，信息化与智能化技术的集成应用，有助于实现各专业、各环节之间的信息共享和协同工作。例如，通过建立统一的项目管理平台，项目团队成员可以实时查看项目进度，共享鉴定结果和设计方案，及时沟通并解决问题。此外，智能化系统还能根据项目实际情况，自动调整施工方案和资源分配，确保各个环节的协同性和连贯性，避免"信息孤岛"和重复劳动，大大提高项目管理的质量。

（三）推动地基基础工程领域的创新发展

随着信息化与智能化技术的不断进步，地基基础工程领域也在探索更多创新的可能性。集成应用这些技术，不仅能够优化现有工艺，还可以开发出新的施工方法和技术。例如，利用无人机进行地形地貌和地质条件航拍，使用机器学习算法分析数据以预测地基变形，或者采用智能系统实现动态监测和自动加固。新的施工方法和技术的应用不仅提高了工程质量，还拓展了地基基础工程领域的发展方向，为未来的基础设施建设提供了新的思路和技术支撑。

二、信息化与智能化技术的融合应用

（一）数据共享与互通平台的建立

数据共享与互通平台的建立是信息化与智能化技术应用于地基基础鉴定与加固的基础。该平台通过集成不同来源的数据，如工程设计、施工和维护等，实现数据的统一管理和高效利用。利用现代信息技术，如云计算、大数据和物联网，该平台能够实现数据的实时采集、存储、处理和分析，确保数据的高效流通和充分利用。在此基础上，通过建立标准化的数据接口和协议，该平台能实现不同系统和设备之间的数据互通，提高地基鉴定与加固工作的效率。

（二）智能化决策支持系统的构建

智能化决策支持系统是基于数据共享与互通平台，结合人工智能技术和专业知识，为地基基础鉴定与加固工作提供智能化支持的工具。该系统通过收集和分析大量的地基基础工程数据，运用机器学习和深度学习算法，建立地基基础状况预测模型和加固方案优化模型。在实际操作中，该系统能够根据新的数据快速进行预测分析，为工程师提供科学的决策依据，帮助他们选择最佳的加固方案，提高工程质量和效率。

（三）信息化与智能化技术的协同工作

信息化与智能化技术的协同工作是指在地基基础鉴定与加固工作中，将数据共享与互通平台、智能化决策支持系统以及其他相关技术工具有机地结合起来，形成一个高效协同的工作体系。在这个工作体系中，从数据的采集、处理、分析到决策的制定和执行，各个环节都能够得到信息化和智能化技术的有效支持，实现工作的自动化、智能化和一体化。这种协同工作不仅能提高工作效率，减少人为错误，还能提升工程的质量和安全性。通过不断地优化和完善这个工作体系，地基基础鉴定与加固工作将更加高效、准确和可靠。

三、集成应用中的关键技术与方法

（一）云计算与大数据技术

云计算技术具有强大的数据处理能力和高效的信息共享机制。通过云计算平台，地基基础加固工程的设计者、施工者和管理者可以实现对大量工程数据的快速处理和分析，从而提高地基基础加固工程的设计、施工和管理效率。

大数据技术在地基基础加固工程中的应用，主要体现为对工程数据的深度挖掘和分析。对地基基础加固工程中的各种数据进行深度挖掘和分析，可以发现地基基础加固工程的内在规律，为地基基础加固工程的设计和施工提供科学依据。

云计算和大数据技术的集成应用，使得地基基础加固工程的设计和施工更加智能化、高效化，大大提高了地基基础加固工程的安全性和可靠性。同时，也使得地基基础加固工程的管理更加便捷，为地基基础加固工程的可持续发展提供了有力支持。

（二）物联网与传感技术

在地基基础加固施工过程中，物联网与传感技术的集成应用，能极大地提升施工监控的实时性、准确性与效率。

物联网技术在地基基础加固施工监控中的应用，主要体现为通过各种传感器收集施工现场的数据，并将这些数据通过互联网传输到监控中心，实现对施工现场的实时监控。这些传感器可以收集土壤湿度、压力、温度等各种数据，帮助施工人员及时了解地基的实际情况，以便及时调整施工方案。

传感技术在地基基础加固施工监控中的应用，主要是指利用各种传感器对地基的物理参数进行实时监测，如土壤湿度、压力、温度等。这些传感器可以将监测到的数据传输到监控中心，帮助施工人员及时了解地基的实际情况，以便及时调整施工方案。

物联网与传感技术的集成，使得地基基础加固施工监控变得更加智能化。物联网技术可以将传感器收集到的数据实时传输到监控中心，而传感技术则可以提供准确的地基物理参数监测数据。这种集成应用，不仅提高了施工监控的实时性与准确性，也大大提升了施工效率。

（三）人工智能算法

AI 算法在地基基础加固设计与评估环节的集成应用，是当前工程领域的一大技术创新。通过深度学习、遗传算法、神经网络等先进技术，AI 算法能够高效处理大量复杂数据，为地基基础加固的设计与评估提供科学的决策支持。

深度学习作为一种强有力的机器学习方法，可以通过学习大量历史数据，自动提取数据中的关键特征，从而辅助工程师进行更为准确的设计。在地基基础加固中，深度学习模型可以对不同类型的土质、地下水位、载荷条件等进行学习，预测地基的承载力和变形特性。在考虑多种加固方案时，深度学习模型能够基于历史工程案例，为设计人员提供最优加固方案。

遗传算法是一种模拟自然界生物进化过程的优化算法，通过"适者生存"的原则来搜索最优解。在地基基础加固设计过程中，遗传算法能够对待选加固方案进行编码，以适应度函数为依据进行选择、交叉和变异操作，最终搜索出成本效益比最高的加固方案。这种方法特别适用于那些难以用传统数学模型描述的复杂问题。

神经网络模仿人脑神经元的工作方式，能够处理非线性、模糊和动态变化的复杂关系。在地基基础加固的监测与评估过程中，神经网络模型能够实时对监测数据进行学习和分析，实时预测地基的性能变化，以便及时调整加固策略。此外，神经网络还可以根据地基的反馈信息，不断调整自身结构，以提高预测的准确性和适应性。

AI 算法在地基基础加固设计与评估中的应用，不仅能提高工程设计的效率和质量，也能极大地拓宽加固技术的应用范围。随着技术的不断进步和算法的持续优化，AI 算法在未来地基基础加固领域的集成应用将更加广泛和深入。

参 考 文 献

[1] 包小锋.岩土工程地基基础检测技术分析[J].住宅与房地产，2021，（19）：209-210.

[2] 蔡武成.建筑工程地基基础检测存在的问题及解决方法探析[J].大众标准化，2024，（09）：179-181.

[3] 常娟娟，黄彦森，武宁波，等.增层改造建筑既有地基基础检测技术研究[J].中国建材科技，2021，30（05）：26-28.

[4] 陈燕红.基于 P-BIM 理念的地基基础检测数据监管、共享的研究与实现[J].建筑监督检测与造价，2021，14（06）：19-22，9.

[5] 崔慧.价值工程在建筑地基基础设计优选中的应用研究[J].砖瓦，2024，（01）：113-115.

[6] 邓钟尉，彭卫平.覆盖型岩溶地基加固处理与效果检测[J].路基工程，2023，（04）：173-177.

[7] 丁胜元.既有建筑地基基础复合加固技术应用研究[J].砖瓦，2024，（01）：160-162.

[8] 方成，张璐，何潇琦，等.某非金属矿采空区地基基础设计探讨[J].建筑结构，2023，53（23）：140-143，102.

[9] 房磊，胡绍辉.建筑工程地基基础检测的重要性及关键技术[J].四川水泥，2021，（04）：230-231.

[10] 冯哲.工业厂房地基基础施工技术和加固施工技术[J].大众标准化，2023，（16）：30-32.

[11] 郭理，祝明桥，吕伟荣，等.经营性自建房结构安全鉴定情况分析及对策[J].中国标准化，2023，（15）：228-233.

[12] 郝烁.基桩低应变检测方法及其工程应用[J].石材，2024，（02）：67-69.

[13] 呼延安娣.岩土工程地基基础检测方法的应用[J].中国高新科技，2022，（11）：23-25.

[14] 胡建平.水利工程地基基础岩土试验检测技术分析[J].城市建设理论研究（电子版），2023，（26）：208-210.

[15] 黄小星，刘亚，李鸿宇，等.装配式房屋建筑地基基础加固防沉降施工技术[J].砖瓦，2024，（05）：140-142.

[16] 李东昌，鹿逢月，武新军，等.地基基础检测现场危险、安全隐患防范对策与措施[J].技术与市场，2022，29（03）：106-107.

[17] 李冠泽.探地雷达测试技术在房屋地基基础检测中的应用[J].中华建设，2021，（03）：100-101.

[18] 李家寿.民用建筑工程地基基础检测技术优化措施[J].中国建筑金属结构，2023，22（08）：86-88.

[19] 李俊刚，张娇，王晨，等.某山坡脚建筑地基基础及基坑支护设计[J].山西建筑，2024，50（03）：78-81，171.

[20] 李林.南京鼓楼医院食堂地基基础工程施工技术研究[J].价值工程，2023，42（32）：123-125.

[21] 李启凯.水利水电工程地基基础岩土试验检测技术[J].珠江水运，2023，（05）：41-43.

[22] 梁国强.岩土工程地基基础检测技术探讨[J].城市建设理论研究（电子版），2023，（20）：172-174.

[23] 梁贤浩，孙文娟.关于水利工程地基基础岩石试验检测技术的研讨[J].内江科技，2023，44（10）：71-72.

[24] 刘斐.工业办公楼加固及外立面更新改造技术浅析[J].上海建设科技，2024，（02）：20-22.

[25] 刘黔.水利工程地基基础岩土试验检测要点分析[J].东北水利水电，2023，41（12）：47-50.

[26] 刘松林.岩土工程地基基础检测技术解析[J].工程与建设,2022,36(03):687-688.

[27] 刘宗族.盾构隧道下穿既有建筑基础加固方法研究[J].安徽建筑,2024,31(04):72-74.

[28] 米娜.建筑工程地基基础检测工作分析[J].工程技术研究,2023,8(11):39-41.

[29] 莫建昌.岩土桩基础施工中地基基础检测的优化策略[J].住宅与房地产,2021,(33):83-84.

[30] 邵宗贵.建筑地基基础检测中低应变法的应用探析[J].大众标准化,2023,(02):173-175.

[31] 沈园园.既有建筑物地基基础检测技术的运用实践[J].中国建筑金属结构,2021,(05):46-47.

[32] 施建勇.江苏省地基基础行业技术创新与应用[J].江苏建筑,2023,(S1):28-33.

[33] 宋娟,程阿青,罗国波,等.某老旧小区房屋安全抗震检测鉴定及墙体裂缝原因分析[J].价值工程,2023,42(07):14-16.

[34] 唐泽,唐孟雄,刘炳凯,等.基于静力水准仪法、变形测量法、应变测量法的地基基础静载检测技术在建筑工程中的应用研究[J].广州建筑,2023,51(03):25-28.

[35] 王翠桦.民用建筑工程地基基础检测技术要点及优化对策[J].中国住宅设施,2021,(08):49-50.

[36] 王海权,李博天,郭俊平,等.某围墙倒塌原因鉴定及处理建议分析[J].工程质量,2023,41(S1):170-172.

[37] 王俊波.建筑地基基础加固工程施工技术研究[J].砖瓦,2023,(11):168-170.

[38] 王琨.土木建筑地基检测技术要点探析[J].建材发展导向,2023,21(12):60-63.

[39] 王平.地基基础检测新技术探讨[J].黑龙江科学,2021,12(06):118-119.

[40] 王珊.古建筑地基加固技术研究[J].砖瓦,2024,(03):151-153.

[41] 王伟波.建筑工程地基基础检测的重要性及关键技术[J].城市建设理论研究(电子版),2023,(36):157-159.

[42] 魏常宝,滕文川,钱铭.某大厚度湿陷性黄土场地既有建筑不均匀沉降地基基础检测鉴定与加固设计[J].建筑结构,2023,53(23):130-139.

[43] 谢光明.地基基础检测中的常见问题及解决对策[J].建材发展导向,2022,20(12):34-36.

[44] 谢晓武.锚杆静压桩在砖混结构地基基础加固中的应用[J].江苏建材,2024,(02):113-114.

[45] 杨东升.某废旧动力电池综合回收项目地基基础设计分析[J].工程建设,2023,55(11):52-57.

[46] 杨汉臣.建筑地基基础检测方法和检测中应关注的要点问题研究[J].中国建筑金属结构,2021,(12):95-96.

[47] 杨勇.关于浅析房屋建筑地基基础加固工程施工技术[J].陶瓷,2024,(01):221-223.

[48] 叶剑峰.建筑工程地基基础检测的重要性和关键技术[J].城市建设理论研究(电子版),2023,(17):102-104.

[49] 尹皓亮.建筑工程地基基础检测技术要点及优化对策研究[J].居业,2022,(09):76-78.

[50] 尹华芊.房屋建筑地基基础加固工程施工技术研究[J].砖瓦,2023,(12):132-134,137.

[51] 余明.低应变法在既有建筑桩基检测中的应用研究[J].中国高新科技,2023,(24):71-72,84.

[52] 詹永健.桩基础检测的基本方法与注意事项探究[J].城市建设理论研究(电子版),2023,(23):86-88.

[53] 张繁祥.建筑工程地基基础检测技术[J].房地产世界,2021,(09):

137-139.

[54] 张瑞云，刘云浩，李腾.复杂地质条件下既有建筑地基基础加固技术研究[J].新型建筑材料，2024，51（04）：36-40.

[55] 周坚，宗鑫，李兴磊.建筑地基基础施工与加固技术探析[J].建筑技术开发，2023，50（11）：176-178.

[56] 周伟建，张勇，曾俊，等.成都地区某一厂房独立基础下 CFG 桩复合地基的应用[J].四川建材，2023，49（08）：86-89.

[57] 朱祥明.房屋建筑地基基础加固施工技术要点的相关技术[J].大众标准化，2024，（10）：50-52.